中国少儿百科知识全书

ENCYCLOPEDIA
FOR
CHILDREN

中国少儿百科知识全书

ENCYCLOPEDIA FOR CHILDREN

中 国 少 儿 百 科 知 识 全 书

微生物王国

无处不在的小生命

姜　姗　张大庆／著

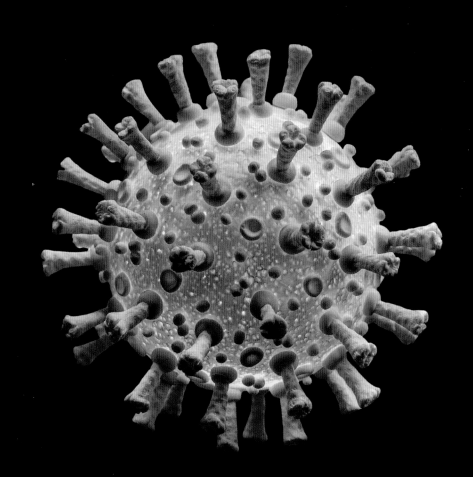

少年儿童出版社

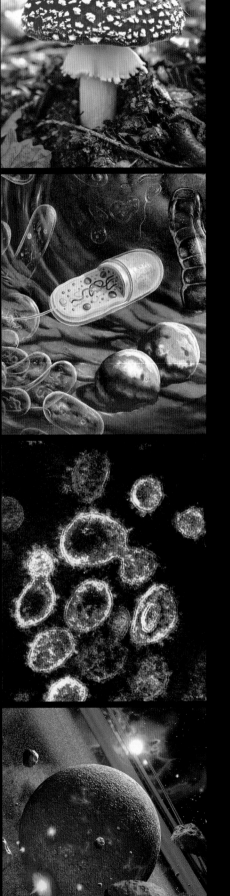

目　录

看不见的世界

　　一捧水里拥挤着上亿个微生物，一抔土中聚集着几十万种微生物……在我们的生活中，微生物无处不在。

微生物探秘

　　在遥望浩瀚的宇宙之时，科学家也痴迷于探索微观世界。今天，人们甚至可以借助显微镜"看见"原子。

这是什么小家伙？

　　哪怕形单影只，细菌也可以自给自足，繁衍生息。病毒却是个依赖狂，一辈子都在寻找心仪的宿主。

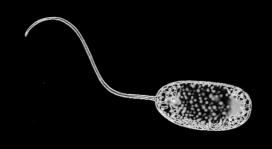

朋友和凶手

有些微生物十分善良，一辈子呵护我们的健康。有些微生物不怀好意，总爱伺机大举入侵我们的身体。

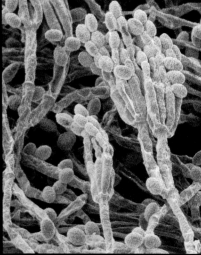

合作愉快！

微生物常常化身烹饪大师，为我们精心准备一桌的美食。这些小家伙还给医生和科学家帮了大忙！

附　录

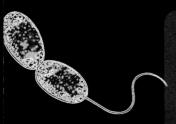

让科学动起来　让知识变简单

- 魔法卡片　● 科学探秘
- 闯关游戏　● 百科达人
- 荣誉徽章

扫一扫，获取精彩内容

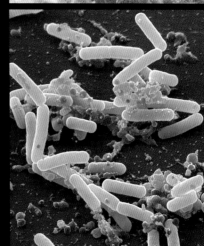

走近微生物

你向往大自然吗？说起大自然，你的脑海中会浮现出怎样的图景呢？是绵延的山林、奇异的花草，是躲藏在树丛深处的野兽和飞鸟，还是在花丛中舞动的蝴蝶和在一旁嬉戏的甲虫？大自然里居住着数不清的动物和植物，你看得见，摸得着。可你知道吗？大自然里还藏匿着一个我们看不见的世界，它与我们的生命、生活息息相关。

数不清的成员

在这个看不见的世界里，微生物熙熙攘攘。它们的个头无比微小，仅凭肉眼你很难看到。如果用一般的显微镜观察，它们就像简单的点或圈圈。正因为身材迷你，微生物简直无处不在，无孔不入。它们酷爱旅行，足迹遍布世界各地，当然它们也乐意隐居在你的家里。哪怕只是你脚下的一小片地方，也藏匿着一个庞大的微生物王国。微生物的种类数不胜数，这让它们成为世界最大的生物类群之一。

真 菌

发霉的食物上布满了真菌，数不清的菌丝叠在一起，交织成一张毛茸茸的毯子。有些真菌由单细胞组成，有些由多细胞组成。如果用放大镜观察，你会发现家中放坏了的蔬菜和水果上遍布着霉菌。

明星家族

微生物王国里有许多声名显赫的家族，其中 6 个家族最为出名。

细 菌

地球上的细菌总数比任何其他生命体的数量都要多！不管是哪种细菌，都由单个细胞构成。它们形态各异，有球形的、杆形的、弧形的，也有螺旋形的。

多数大肠埃希菌（俗称大肠杆菌）是人体肠道里的正常寄居菌。

古 菌

去往极端恶劣的环境，对别的微生物来说是冒险，但对古菌而言简直再正常不过了。海底深处、火山喷口、高盐河湖里都有古菌的身影。嗜盐古菌嗜盐如命，一旦离开了高盐环境，就难以存活。

单细胞藻类

一些藻类由多个细胞构成，而另一些藻类却只由一个细胞构成，比如硅藻（有时集成群体）。单细胞藻类非常微小，却能像植物一样进行光合作用。要知道，地球上大约有一半的氧气是由藻类制造的。

被驱逐"出国"的小生物

顾名思义，微生物十分微小，可小个子生物就一定是微生物吗？很久以前，科学家对此也感到困惑，他们尝试把所有微小的生物都划分到微生物王国里，没想到，这立刻引起动物和植物分类的大混乱。如今，我们对微生物有了比较明确的规定。这些微生物大多只有一个细胞，或者干脆连细胞结构都没有。动物身上的跳蚤、肠道里的寄生虫、衣物上的螨，都被驱逐出了微生物王国。

原生动物

一个原生动物就是一个细胞，它们非常灵活，有些还会像动物一样"走路"。今天，很多原生动物已经灭绝，我们只能通过化石得知它们曾经存在。有孔虫是生活在海洋里的原生动物，它们至今依然活跃。

尴尬的蘑菇

蘑菇肉眼可见，但它也是微生物。因为它身处真菌界，而所有的真菌都被划分到微生物的范围中。于是，尴尬的蘑菇成了微生物世界里的"巨人"。

病 毒

病毒没有细胞结构，也没有独立的代谢系统。因为比细菌还要小很多，病毒甚至可以把细胞当成居所，成群结队地待在里面。有些病毒一旦入侵体内，就可能会让你生病。比如，轮状病毒进入小肠后，会引起呕吐、腹泻等症状。

① 树叶上生长着一些寄生菌，如锈菌。
② 树上的地衣大多是真菌和藻类共生的特殊植物。
③ 树叶降落到地上后，会被地上的微生物"吃"掉。

古老的定居者

在人类出现之前，地球已经哺育了一代又一代的原始居民。提到地球上早期的定居者，我们马上会想到恐龙、猛犸等动物，或者像苏铁那样的古老植物。实际上，就像地球演化的一般规律，生物的演化也经历了由简单到复杂的过程，而微生物是这一过程的开始。

最早诞生的生命

我们所生活的地球，已经存在了 46 亿年。最初，地球上只是一片混沌，到处都是滚烫的熔岩。直到大约 40 亿年前，地球才有了清晰的样貌，并迈入漫长的太古宙。太古宙时期的地球环境恶劣，强烈的太阳辐射、汹涌的海浪起伏、剧烈的火山喷发，屡屡不绝。那时的地球并不宜居。可就是在这样的环境中，最古老、原始的生命——微生物诞生了。早期的微生物不需要呼吸氧气，钟爱富含硫和铁的食物。

约5.4亿年前

地球迎来了生命大爆发。这个阶段的动物大多拥有坚硬的外壳，如节肢动物的祖先——三叶虫。

约35亿年前

简单的单细胞原核生物来到这个陌生的世界，并顽强地生存了下来。

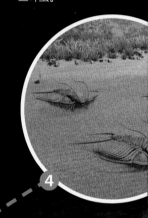

约21亿年前

阳光充足、海水温润、氧气富足……当适宜的条件都具备时，多细胞生物便悄然而至。

究竟有多早呢？

地球的演变要追溯到很遥远的从前。如果我们把地球 46 亿年的历史浓缩成一天的 24 小时，那么，像古菌这样的微生物在 6 时就早早苏醒了，一代霸主恐龙在接近 23 时才出现，而人类直到这一天的最后 1 分钟才诞生。

约46亿年前

地球与太阳系几乎同时诞生，地球上遍布着喷发的火山、滚烫的熔岩。

化石"年轮"

　　在太古宙，大量的蓝细菌聚居在浅海，日复一日地制造氧气，分泌出带有黏性的物质。这些物质不仅粘住了自己，还粘住了大量沉积物。它们一层叠一层，最后，变成了化石"年轮"——叠层石。

知识加油站

　　地球很爱折腾，每隔一段时间，就会来一场生物大灭绝，新一轮的霸主之争随即上演。板足鲎、邓氏鱼、狼蜥兽、霸王龙都曾称霸一时。可不论霸主之位如何更替，微生物的重要地位都无法撼动。

约2.5亿年前

巨大的爬行动物繁盛。恐龙出现在地球，很快成为霸主。

约6 600万年前

一代霸主恐龙绝迹，现代哺乳动物慢慢掌控地球。

约3.5亿年前

气候变得温暖，地球上到处都是飞行的昆虫和四足动物，巨脉蜻蜓曾风光一时。

约30万年前

智人登场，相较于北京猿人这样的直立人，他们更加聪明。

谁是人类的祖先？

　　我们常常认为人类是从古猿进化而来的，和猴子、猩猩这些灵长类动物有共同的祖先。不过，真正的"认亲"之路可比我们想象的要遥远得多！

　　地球在孕育原始生命的时候，一片混沌里只"游荡"着一些简单的 DNA 和 RNA 分子。因为剧烈的环境变化，这些分子与蛋白质碰撞、结合在一起，渐渐地，生命的初始形态——微生物形成了。随后 10 多亿年的漫长时光里，细菌是地球上唯一的定居者！直到约 30 万年前，智人才登上历史舞台，而细菌自始至终都没有消失过。

遍布山河湖海

世界上最自由的生命是什么？草原上的骏马可以在广袤的大地上驰骋；空中的飞鸟可以跨越大陆，迁徙到温暖的地方；海中的游鱼可以乘上洋流，去往世界另一头的海域。但这些都比不上微生物自由。微生物才是手持"世界通行护照"的旅行家！

青霉菌的孢子被风轻轻一吹，便飘散到空气里。降落到哪里，它们就在哪里"生根发芽"。

占领海洋

提起海洋中数量最多的生物，你是否想当然地认为是多姿多彩的鱼类？答案并非如此，实际上，用双手捧起一捧海水，那里面可能有上亿个微生物正在忙碌。这些肉眼看不见的小家伙霸占着"海洋之王"的宝座，它们的队伍庞大到远非鱼、虾、贝类和大型海草所能及。

细菌是海洋里的第一批居民。数亿年前，单细胞藻类、真菌以及病毒也都慢慢定居下来，与古老的细菌成为邻居。多年来，这些微生物和海洋动物、植物生活在一起，共同构建了稳定的海洋生态环境。

创伤弧菌栖息在海洋里，如果侵入受伤的皮肤，很容易引发炎症。

蓝细菌是海洋里的"元老"之一。

知识加油站

有些细菌在深海的岩石里也能活得好好的！科学家认为，岩石的裂缝可能是细菌的理想家园，这些居民密集地生活在一起，每立方厘米大约有100亿个小伙伴。

肺炎球菌可不是善茬，如果它们入侵到肺部，便可能引发肺炎。

入侵空气

　　和其他生物一样，微生物也需要充足的食物和水分。那么，看似什么都没有的空气里是不是就没有微生物存在呢？事实上，微生物身体极轻，很容易飘浮在空气中。地上和水中的微生物，只要黏附在尘埃或水滴上，就像是搭上了飞机，可以乘风飞扬，四处遨游。还有一些微生物寄生在人和其他动物的身体上，它们会随着宿主脱落的皮屑飘落到四处。

　　对于人类来说，最可怕的要数空气中的致病微生物了。患传染性疾病的人和动物的唾液中，包含有大量的致病微生物。有时候，人们打一个喷嚏，它们就会从口中逃窜出来，在空气中游荡。

土壤里，放线菌的数量非常多，它们散发出独特的土香气。

枯草芽孢杆菌

许多腐生细菌聚集在泥土里，它们在富饶的泥土里大快朵颐。

统治大地

　　水中的微生物数量已经大得惊人，土壤更是微生物的密集地。在每克土壤中，微生物的数量多达几亿到几百亿个！

　　在最接近地面的那一层土壤里，微生物的种类尤为丰富：细菌、真菌、单细胞藻类和原生动物等一起在那里安然地生活。这些微生物一辈子守护着它们的泥土家园：维护土壤结构，帮助植物茁壮成长，造福周围的生态环境。可是，其中一些家伙潜入人体后，会性情大变，不再友好。比如，当我们从外面回到家，如果没有把沾满泥土的手洗干净，我们的身体就容易成为有害微生物的繁殖地！

亲密搭档

各种各样的动物、植物都秩序井然地生活在各自的领地。说起它们彼此之间的关系，你也许会联想到残酷的食物链。实际上，不同界的生物也可以默契合作，友好共生。它们早就找到了最佳的相处方式，互相依靠，互相帮助。微生物就是所有物种都离不开的亲密搭档。

闪电威力十足，可以促使空气里的氮气通过几次转化后，变为用来合成有机物的原料，这种含氮原料随着雨水降落到泥土里。

氮元素以气态形式存在于空气中，植物无法利用气态的氮。

氮是重要的生命元素。它之所以能有条不紊地循环，是因为有土壤中的微生物鼎力相助。

固氮菌
土壤、根瘤中的固氮菌大口吸入氮气，并产出氮肥。

草食性动物喜欢取食各种美味的植物，从而获得身体所需的营养。

反硝化细菌
这些肥料细菌负责将肥料重新转化为氮气。

① ② ③

① 植物的护根使者

植物和微生物是密不可分的朋友，那些生活在植物根部的真菌几乎成为植物根体的一部分。4亿多年前，植物和真菌就已经结下了深厚的友谊，这些真菌生长在植物的根内，形成菌根，帮助植物吸收养分和水分。如果没有这些真菌，陆地上大多数植物都无法健康成长。还有一些真菌聚集在一起，像小小的鞘，包裹住植物的根尖。它们不仅可以帮助植物吸收营养，还能向植物传递环境变化的信息。

硝化细菌
硝化细菌把含氮的原料变成肥料，这些肥料很快被植物的根部吸收。

一些微生物
动物的粪便和动植物的尸体被微生物分解为含氮的原料。

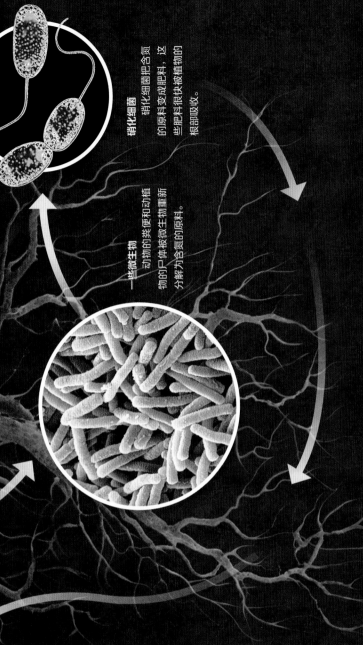

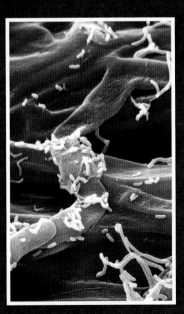

② 昆虫的保镖

在有些昆虫看来，微生物是它们亲密无间的生存伙伴。

要知道，这些昆虫最喜爱的食物——一类动植物遗体上布满了原料。可吃下这些，昆虫一点儿都没有。这得归功于生活在昆虫肠道内的有益微生物，当有病原体入侵时，它们立刻行动，将病原体消灭殆尽。它们还能帮助昆虫消化食物，让昆虫变得更强壮。还有些微生物甚至超过了昆虫本身的骨骼、体腔和细胞总量，它们的数量分布在昆虫的外骨骼、体腔和细胞总量，它们的数量甚至超过了昆虫本身的细胞数量！

白蚁肠道内有很多得力帮手，如拟杆菌门、厚壁菌门的细菌。

③ 动物消化的小帮手

对于体形比大的哺乳动物来说，生活在它们身上的微生物显得更加渺小，数量更是多得惊人。动物的健康成长依赖于微生物的帮忙，而微生物最重要的工作就是协助动物消化食物。动物的肠道中寄居着大量的微生物，那里黑漆漆、臭烘烘，可微生物乐此不疲，它们尽情地发酵、分解动物吃下去的食物，再将其变成容易吸收的营养物质，奉献给"主人"。

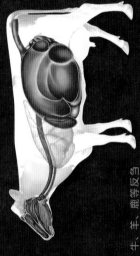

牛、羊、鹿等反刍动物的溜胃中生活着溜胃微生物。它们十分强大，可以分解植物中的粗纤维，将其变成营养丰富的物质。

切叶蚁的"庄稼地"

切叶蚁吃东西非常讲究！它们外出找到新鲜的树叶后，就把树叶咬断并拖回家，堆在一起，这就成了切叶蚁的"庄稼地"。之后，切叶蚁开始在上面种"小蘑菇"（一种真菌）！这些"小蘑菇"才是它们真正的食物。

切割叶片对切叶蚁来说小菜一碟。

种植"小蘑菇"是一件愉快的事情。

知识加油站

1927 年，英国动物学家查尔斯·埃尔顿提出了"食物链"的概念，用它来表示自然中不同物种之间的食物关系。食物链也体现了能量在自然里的流动。

默默无闻的生产者

长着绿色叶子的果树是生产者。通过光合作用，生产者把从土壤里吸取的无机物变为有机物，为消费者提供丰盛的食物。

爱吃叶子的消费者

毛毛虫喜欢吃新鲜的叶子，叶子里的有机物被毛毛虫消化，变成毛毛虫体内的营养物质，日复一日，毛毛虫得以茁壮成长。

地球清洁工

　　干净的城市、怡人的乡村、清爽的树林、纯净的溪流、葱郁的山脉、蔚蓝的大海……维系这些美好的环境，可不单单靠我们人类的一己之力，一群隐藏在自然之中的小精灵也在默默无闻地清扫地球。

"重口味"的小生物

　　浪迹在世界各地的小精灵们还有一个特别的称呼：分解者。分解者的工作单调而又神秘——吃掉比它们身躯大得多的动植物（消费者和生产者）的遗体。在动物死亡之后，原本寄居在体内的厌氧菌开始疯狂生长，首先"攻占"遗体的腹部。与此同时，还有一些微生物在动植物遗体的外部大显身手。这道"大餐"十分美味，微生物很快将其中的有机物"吃"得干干净净，排出无机物和二氧化碳。土壤里的无机物越积越多，又给植物提供了充足的养分。

假如没有微生物

　　微生物不仅会把动植物的遗体吃光抹净，还喜欢与人类夺食。比如，它们会"潜伏"到你新买的蛋糕里，然后伺机而动，如果存放时间过长，那个蛋糕很快就会变成微生物的美食天堂。既然微生物是制造腐败的"罪魁祸首"，是不是只要消灭所有的微生物，我们的地球就安全了呢？倘若真有那么一天，动植物的遗体都将堆积在地表和海洋里，绿色植物将难以获取营养而渐渐枯萎……很快，地球上就会"尸横遍野"，一片荒芜，它将不再是适宜我们生存的家园。

羽化成蝶

毛毛虫在成熟之后，会给自己造一所小小的房子——茧。大约一星期之后，它破茧而出，这时，毛毛虫变成了一只美丽的蝴蝶。

爱吃肉的消费者

鸟儿看似柔弱，可它们当中很多并不是吃素的。对于爱吃肉的鸟儿来说，谷物、果子只是甜点，昆虫才是它们的大餐。当鸟儿还是宝宝时，父母会为它们捕食。

勤勤恳恳的清除者

鹫是鸟类王国里的勇士，它们长期盘旋在高空，一旦发现地面上的动物尸体，便俯冲下来，欣然享受美味的大餐。

不知疲倦的分解者

地面上有这么多有机物，要是堆积成山可就糟糕了！没事，土壤里的微生物最喜欢这些有机物了，它们呼朋唤友，一起将有机物"吃"掉。

每逢秋天，枯萎的树叶翩然落地，变成土壤里微生物的大餐。

探索之旅

今天，这些看不见的小不点儿对于我们来说一点也不陌生。要想知道某个微生物成员长什么模样，你可以借助网络快速搜索它的照片；也可以去往实验室，亲自使用显微镜观察。可是，对于 300 多年前的人来说，微生物的世界可是超乎想象的。

▼1864 年

巴氏消毒法

随着研究的深入，巴斯德证明了致病菌是从一个地方传播到另一个地方的，而通过加热可以杀死肉汤里的致病菌。1864 年，他找到了给牛奶杀菌的方法，也就是我们熟知的巴氏消毒法。

今天，我们仍使用巴氏消毒法，来杀死牛奶中的致病菌。

◀1683 年

公开细菌

借助自己打磨的镜片，荷兰生物学家列文虎克发现雨滴、井水里有许多小生物在活动，这便是细菌。1683 年，列文虎克把他绘制的细菌图公之于众，这是人们第一次认识到细菌的存在。

▼1836 年

酵母菌的作用

德国动物学家施旺在进行腐败和发酵的实验中，意外地发现，发酵必须有酵母菌的参与。酵母菌广泛存在于自然界中，谷物、水果和蔬菜上都能找到它们。

▼1796 年

牛痘接种

英国医生爱德华·琴纳从一名挤奶女工的牛痘疮中取出痘浆，接种到一个 8 岁男孩的手臂上，之后琴纳又给他注射了天花病毒，结果小男孩安然无恙。就这样，牛痘接种能预防天花得到了证实。不久后，琴纳也给他的小儿子接种了牛痘疫苗。

▲1665 年

命名细胞

英国科学家罗伯特·胡克仔细观察显微镜下的软木薄片，发现上面有许多像是小房间的孔洞，于是他用"细胞"（英文也有"小隔间"的意思）来命名这些小孔洞。

▲1857 年

解密啤酒变质

法国微生物学家、化学家路易斯·巴斯德受托解决啤酒变质的问题。他利用显微镜观察新鲜的酒和变质的酒，发现新鲜的酒里布满了圆滚滚的酵母菌，而变质的酒里存在一种细棒模样的微生物，它正是让酒变质的元凶——乳杆菌。

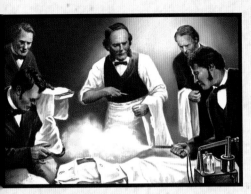

▼1892 年

病毒现身

俄国植物学家伊凡诺夫斯基发现，用细菌过滤器把染病的烟草花叶汁进行过滤，过滤后的汁液仍会让健康的烟叶染病。后来科学家推断，一种比细菌还要小的微生物导致了疾病的发生，它们就是病毒。

▲1865 年

外科消毒法

英国外科医师约瑟夫·利斯特提出，没有消毒是手术后发生感染的主要原因。利斯特首创了外科消毒法，在手术室里和整个手术过程中不断喷洒稀释的苯酚溶液，由此大大降低了手术的死亡率。

人们通常借助高温或者化学药品，对手术器具进行消毒。

▲1928 年

消灭有害细菌

英国细菌学家亚历山大·弗莱明培养的葡萄球菌在碰到青霉菌后消失得无影无踪。弗莱明发现了一种能消灭葡萄球菌的物质，它就是被后人誉为"万灵药"的青霉素。

▼1876 年

致病菌

德国细菌学家罗伯特·科赫花了3天时间，用公开实验的方式，证明了炭疽杆菌是炭疽病的病因。他认为每种疾病都有对应的致病菌，纠正了当时人们普遍认同的观念：所有疾病都是由一种致病菌引发的。

▲1911 年

病毒导致癌症

美国病毒学家弗朗西斯·佩顿·劳斯发现了一种可以在鸡身上引发癌症的病毒。他发表了一份报告，指明某些动物的癌性肿瘤是病毒所致。

▼1973 年

基因工程

美国生物化学家斯坦利·科恩和赫伯特·博耶将两个重组DNA分子成功转移给大肠杆菌，这便是基因工程的开端。28年后，多国科学家联合向世人公布了人类基因组约90%的图谱。

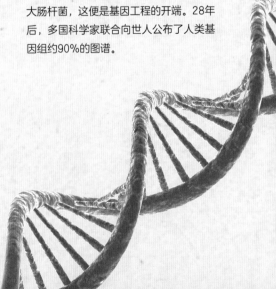

秘密武器——显微镜

在科学历程中，显微镜和望远镜是延展了人类眼睛的孪生兄弟。它们的诞生得益于光学的发展，由此打开了人类对目力所不及的未知世界的探索之窗。望远镜的出现让人们仰望星空时看到的不再是只是微小的光点，显微镜则把另一个神奇的世界带到我们眼前。

从放大镜到显微镜

人们很早就意识到凸透镜有放大功能，富有创造力的科学家通过搭配不同的镜片，成倍地加强了凸透镜的放大效果。伽利略利用望远镜观测天空之后，又对探索微观世界萌生了兴趣。他研制出多款显微镜，并用它们观察昆虫的复眼。之后，许多科学家也纷纷踏上了"探微"之路，17世纪，列文虎克用显微镜看到了细菌，罗伯特·胡克则用显微镜看到了组建生物体的微小"零件"——细胞。

随着技术的不断更新，显微镜的设计也不断升级，人们能看到越来越小的事物，也得以观察得越来越精细。

复式显微镜

荷兰商人詹森制造了第一台复式显微镜。它由一片凹透镜和一片凸透镜组成，也是第一台光学显微镜。可惜的是，詹森并没有用他的显微镜进行任何重要的观察。

单式显微镜

列文虎克制造的显微镜也运用了光学原理，不过，他只使用了一片凸透镜。好在列文虎克技艺精湛，他打磨的镜头精度非常高，能将物体放大约300倍。

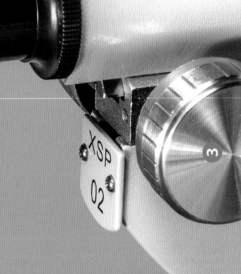

知识加油站

电子显微镜并不依靠可见光成像，而是利用高能电子束来扫描标本，所以呈现出来的图像是没有颜色的，需要后期着色加工。

❶ **目 镜**

它们是接近人眼的透镜或透镜组。许多显微镜只有一个目镜，双目显微镜有两个目镜。

❷ **镜 筒**

镜筒将物镜和目镜连接在一起。

❸ **粗准焦螺旋**

它能让镜筒大幅度升降，从而快速锁定被观测物体。

❹ **转换器**

它连着不同放大倍数的物镜，轻轻一转，我们就能调整物体放大倍数。

5 物 镜

物镜离被观
测物体很近，它
的作用是放
大物体。

9 载物台

载物台用于放置被
观测物体或玻片标本。

11 反光镜

它可以向任意方向转动，把光线
反射到聚光器上，经过通光孔给标本
提供照明。

6 细准焦螺旋

调节旋钮可
以让视野变得更
清晰。

7 镜 臂

镜臂有力地
撑起了物镜和载
物台。

8 通光孔

通光孔就像像照相机
的光圈，可以
控制光的进
入量。

10 压片夹

两个压片夹把
玻片标本牢牢地固
定在载物台上。

12 镜 座

镜座托起镜柱，防止
显微镜晃动。

暗视野显微镜

我们在白天看不见的星辰，
却可以在黑暗的夜空中清楚地显
现。与此类似，在暗视野显微镜
下，透明的活菌体与暗色的背景
形成巨大的反差，从而显得特别
清晰与明亮。

透射电子显微镜

用电子束代替光，能大大提
高显微镜的分辨率。1933年，第
一台透射电子显微镜诞生。许多
在可见光下隐身的物体，比如病
毒，纷纷在透射电子显微镜下现
出了原形。

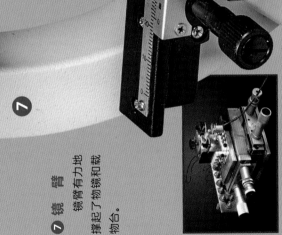

扫描隧道显微镜

借助这种显微镜，我们
甚至能"看"到原子。
最关键的部件是
根探针，它就像
昆虫的触角，通
过它，科学家能
观察物体表面的
原子。

一台光学显微镜的构造

光学显微镜是最早发明、使用最普遍的
显微镜。它利用光学原理，通过透镜的叠加，
将微小物体放大。

层层叠叠的微世界

如果你拥有一台普通的光学显微镜，就能看见脱落的皮肤上密布的细菌和真菌。但如果你想要看见那些令人生病的讨厌的病毒，必须借助电子显微镜才行。

显微镜是如何放大的？

早期的复式显微镜，就是将两片放大镜简单地套在一起。这种组合方式十分神奇，一直沿用到后来的光学显微镜中。

在光学显微镜中发挥关键作用的两组镜片被称为目镜和物镜。使用普通的显微镜时，物镜会把物体放大 10 倍、40 倍甚至 100 倍不等。目镜能把被物镜放大的图像继续放大，它的放大倍数一般被设定为 10 倍。

显微镜放大倍数 = 物镜放大倍数 × 目镜放大倍数

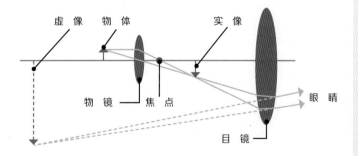

虚像　物体　实像　物镜　焦点　目镜　眼睛

知识加油站

除了病毒，人们还可以用电子显微镜观察像支原体那样的小型微生物。然而，由于电子显微镜内部是真空的，那些需要氧气的微生物无法存活下来，所以我们很难用电子显微镜观察到活的微生物。

真菌的世界

不计其数的真菌伸着长长的菌丝，看上去像一层毛茸茸的地毯。最为粗壮的菌丝直径只有 10 微米，不过，一经显微镜的放大，它们立刻变得有一根头发那么粗。真菌和我们一样，喜欢吃有营养的食物，如果把一片面包放在温暖潮湿的环境里，过不了几天，我们就会看到上面爬满一团又一团彩色的斑块。

伞菌

胞体

轴突

蝉

某些神经元的轴突

10 米　　1 米　　100 毫米　　10 毫米

* 1 米 = 1 000 毫米 = 1 000 000 微米 = 1 000 000 000 纳米

放大 400 ~ 1 000 倍

细菌的世界

酸奶看上去洁白无瑕，可实际上，一滴酸奶里潜藏着上百万个细菌！如果想要一睹这些小家伙的真容，轻轻地滴一滴酸奶到载玻片上，把显微镜固定好，再将放大倍数调整到 400 倍或 1 000 倍。镜头下面，葡萄状的乳酸链球菌和细棒状的乳杆菌紧紧地靠在一起，它们让酸奶充满风味。

放大 20 000 ~ 30 000 倍

病毒的世界

病毒实在太小了！如果细菌和你一般大，那病毒只有你的一根手指头那么大。100 多年前，科学家用细菌过滤器过滤染病的烟草花叶汁，得到了依然致病的汁液。现在，研究人员把汁液样本放在电子显微镜下，它们被放大 20 000 ~ 30 000 倍。这些引起烟草花叶生病的小家伙立马原形毕露。

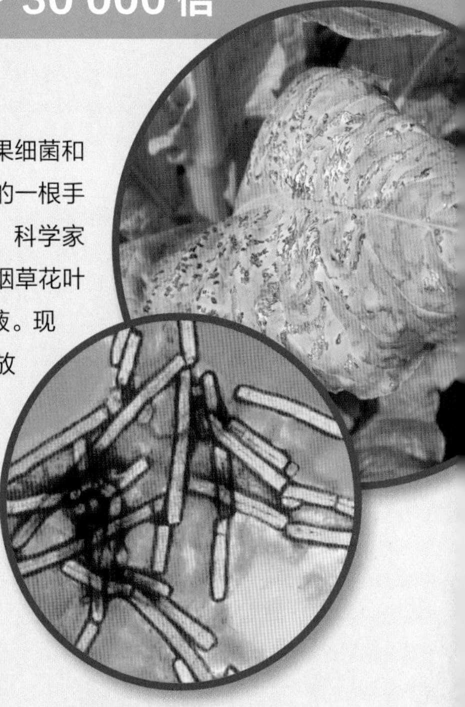

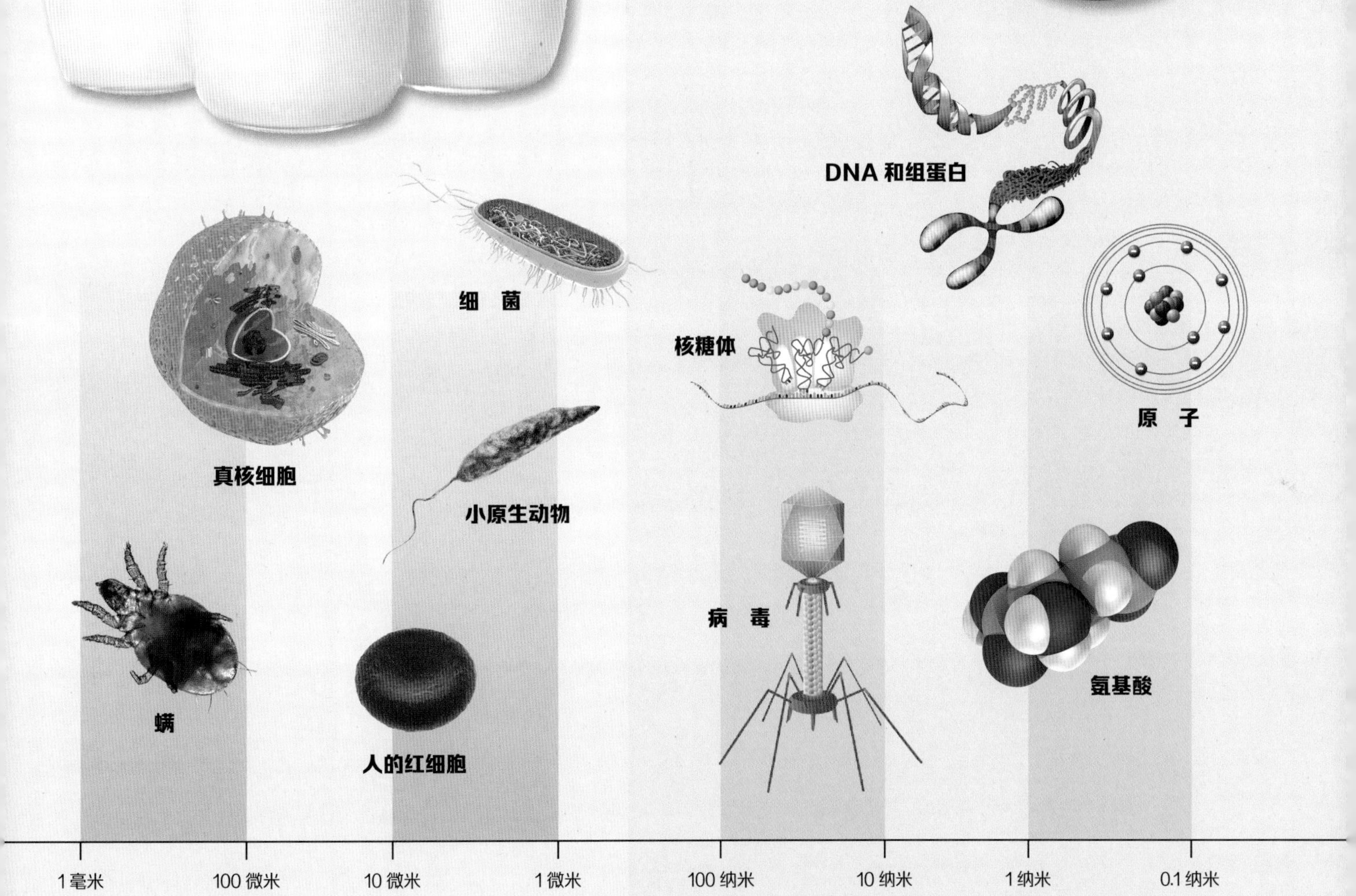

DNA 和组蛋白

细菌

核糖体

原子

真核细胞

小原生动物

病毒

氨基酸

螨

人的红细胞

| 1毫米 | 100 微米 | 10 微米 | 1 微米 | 100 纳米 | 10 纳米 | 1 纳米 | 0.1 纳米 |

"解剖"细菌

无论是最巨大的哺乳动物，还是最微小的细菌，都是由细胞构成的。我们的心肌细胞需要你挨着我、我挨着你，才能一起完成心脏跳动的使命。细菌是原始单细胞生物，尽管它们常常聚集在一起，但哪怕让其中一只细菌单独出列，它也能自给自足，繁衍生息。

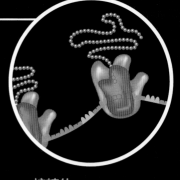

核糖体

细菌身体里的这些小颗粒叫作核糖体，它们是合成细菌所需蛋白质的场所。

细菌长什么模样？

细菌家族十分庞大，它们的形态千奇百怪，有球形的、杆形的，还有螺旋形的。不过，它们都有一些相似的特点，比如拥有细胞膜这层柔韧的"皮肤"，还都穿着一件细胞壁外衣。细菌体内被细胞质塞得满满的，核心部位是一团"乱糟糟"的 DNA 分子，别看它们这么"邋遢"，这团"毛线"可发挥着司令员的作用，细菌长成什么样子、什么时候分裂，都由它说了算。

拟　核

这一团折叠在一起的"毛线"就是拟核，它仅由DNA分子组成。

细胞壁

细胞周身裹着的这层保护屏障叫作细胞壁，它很好地维持着细胞的形态。

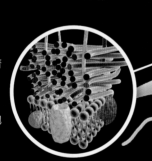

细菌的形状

细菌最为常见的形状有 3 种。

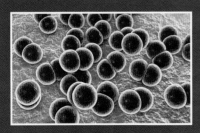

球菌：这些细菌像圆滚滚的小球，有些单独存在，有些像葡萄一样连在一起。

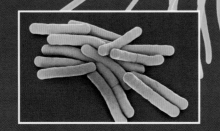

杆菌：杆菌看上去像小小的胶囊或棒槌，有的杆菌由几个胶囊头尾相接连在一起。

螺旋菌：螺旋菌细长而弯曲，它们有的只有一个小小的弧度，有的却像螺旋刀一样弯曲缠绕。

细胞膜

营养物质通过细胞膜进入细菌内部，细菌不需要的废物也通过它排出。

鞭 毛

有些细菌拖着一条或数条长长的尾巴，它们帮助细菌在液体中灵活自如地游动，这就是细菌的鞭毛。

细菌里的生产机器

细菌的细胞自我复制时，细菌体内有许多台生产机器一齐"轰隆隆"地运转，这些机器就是核糖体。别看核糖体个头不大，它们的工作能力可谓非常出色。核糖体首先会仔细"阅读"每个DNA的副本片段，接着，按照指示制造好细胞需要的各种零件。

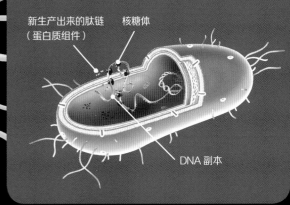

新生产出来的肽链
（蛋白质组件）　　　核糖体

DNA 副本

菌 毛

有些细菌外面毛茸茸的，让细菌可以很容易地贴在其他物体上，这层毛叫作菌毛。

荚 膜

荚膜可谓细菌的保护盾，它帮助细菌抵御糟糕的外界环境，还能黏附到一些特定的细胞上。

生儿育女

细菌生儿育女的能力特别强，它们一般每 20 分钟就会自我复制一次，也就是完成一次繁殖。在一分为二之前，它们会把自己体内的遗传物质和其他组成全都复制一遍，这样，后代就什么也不缺啦。1 个变成 2 个，2 个变成 4 个，4 个变成 8 个……如果一天 24 小时都不停歇，一个细菌大约可以变成 2.36×10^{21} 个！

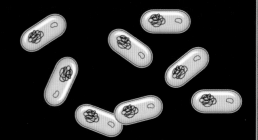

两份相同的 DNA分道扬镳，各自跑到细菌细胞的一端。

这两个细菌一模一样，它们长大后，也会像自己的"妈妈"一样一分为二。

细菌继续自我复制

↓ DNA 复制

随着个子变大，细菌会将自己原有的 DNA 复制一份。

细菌继续生长

细菌一分为二

2 个细菌复制为 4 个

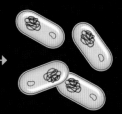

伞菌的一生

在温润的晚春，你可以在路边看见许多矮小的伞菌。它们仿佛一夜之间就冒了出来。虽说地面上的伞菌个子都很小，它们埋在地面下的菌丝网络却非常庞大。在有些地方，1立方米的土壤里有几千千米长的菌丝盘旋环绕在一起。关于伞菌的一生，要从那些飘悬在半空中的孢子说起。

菇类明星

伞菌里的毒蝇鹅膏颇有名气。红色伞状的菌盖上面常常散落着点状的白色覆盖物，这让它们非常容易辨识，却也暗示了它们剧烈的毒性！

菌盖下面整整齐齐地排列着菌褶，它们长短不一，有些正好长到贴近菌柄的位置以填满所有的空间，从而尽可能多地"生产"孢子。一批又一批的孢子飘散到空气里，它们中的一些非常幸运，降落到既温暖又舒适的地方，接着蛰伏起来，伺机发育为菌丝。

大小：菌盖直径为 7 ~ 14 厘米
习性：喜欢生长在桦树和松树周围
分布：世界各地
孢子颜色：白色

点状物

菌 盖

菌 褶

菌 环

菌 柄

菌 托

❸ 萌生原基

菌丝在土壤里或枯木上驻扎半个月左右后，密集的菌丝网里长出一个米粒大小的原基。原基继续长大，不出3天，幼小的子实体就萌生出来了。它们如同花蕾一般，因此也被称为菌蕾。

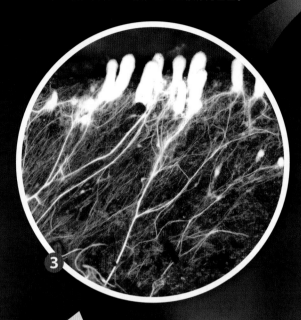

❸

❷ 变身菌丝

孢子降落到土壤里、枯木上……如果那里足够温暖与潮湿，它们就像种子那样，开始发芽生长。不一会儿工夫，小小的孢子就变成了细长的菌丝。不断生长着的菌丝交织成一张巨大的网，好比一棵树的根与枝，吸取、输送营养物质和水分。

❷

⑤ 成熟与衰老

　　菌盖越长越大，菌盖下面的菌褶也越来越密。大量的孢子密集地排列在菌褶里，它们就像果实里的种子，等到合适的时机，被"吹散"到空气中。在生命的最后阶段，菌盖开始褪色，并且向上翻起。

④ 子实体的分化

　　子实体渐渐长大、分化，形成清晰可辨的菌盖、菌环、菌柄和菌托。膨大的菌盖好似盛开的花朵，等待着"结"出诱人的"果实"。地下的菌丝网越织越密，它们经由菌托和菌柄，孜孜不倦地为菌盖输送营养。

① 播撒孢子

　　伞菌的菌体（子实体）冒出地面，孕育出数以亿计的孢子，它们聚集在菌盖下。起风时，孢子就好像蒲公英的种子一样，四处飘散。它们很轻，生命力却十分顽强，可以在风中飞行很远的距离。

显微镜下的孢子

知识加油站

　　菌丝体由大量的菌丝组成，而菌丝又由大量细胞组成。我们把由多个细胞构成的真菌称作多细胞真菌。还有一些真菌很特别，比如酵母菌，它的一个菌体由一个细胞构成，这种真菌叫作单细胞真菌。

菌丝细胞

病毒：解码高手

病毒比细菌和真菌要小得多，也简单得多。一些科学家认为，病毒既不进食也不发育，几乎称不上生物。不过，有生命的地方就有病毒，首个细胞出现时，病毒很可能就存在了。它们来无影去无踪，一辈子都在寻找自己赖以生存的宿主。

千奇百怪的病毒

不像细菌和真菌，病毒本身并不是细胞型生物。病毒的外部是一层排列整齐的蛋白质外壳——衣壳，有些病毒的衣壳外面还套着一层包膜，包膜的"探头"上涂满了糖分子，专门用来迷惑宿主细胞。衣壳里面只有遗传物质核酸游动。平时，这些核酸非常安静，可是一旦钻入宿主细胞，它们就立刻忙碌起来。别看这些病毒构造简单，它们的模样可谓千奇百怪，能力也十分强大。

杆状病毒

乍一看，它像一根粗壮的小棒，其中心是螺旋状的核酸，蛋白质外壳包裹核酸以保护遗传物质。

包膜的球状病毒

这类病毒非常霸道，会抢走其他生物的细胞膜，拿来当作保护自己的外衣，再披着包膜向外扩散，感染其他的细胞。

正二十面体病毒

它的外形是一个规则的多面体，外层由蛋白质构成的一片片等边三角形拼成，而中心是遗传物质。

知识加油站

2019 年暴发的新型冠状病毒肺炎，又被世界卫生组织称为 COVID-19。致病病毒呈球形，表面有许多突出的小棒。用显微镜观察时，我们会发现它们酷似一顶顶小皇冠。因此，科学家把这种形态的病毒称为冠状病毒。

蝌蚪状病毒

它酷似小小的外星人，长着包裹有遗传物质的大头，以及细细的蛋白质身体。细长的身体下面拖着几条细丝一样的尾巴。

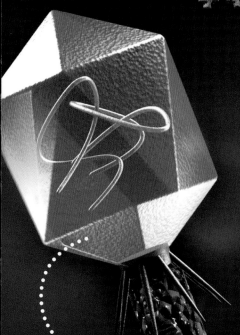

奇幻的复制之路

如果没有宿主细胞，病毒就没办法生存和繁衍。它们必须找到心仪的宿主，把体内的核酸注射进去。核酸一旦成功入侵，立刻开始发号施令，让细胞对自己唯命是从。"萝卜青菜，各有所爱"，有些病毒偏爱细菌细胞，如噬菌体；有些喜欢寄生在植物细胞内，如烟草花叶病毒；还有些擅长入侵动物细胞，如各种各样的流感病毒。

❶ 吸附和侵入

噬菌体借助凹凸不平的衣壳，吸附在细菌细胞上，接着，如同打针一样，将自己的遗传物质从尾部注射到细胞内。

❷ 脱 壳

被病毒入侵后的细胞仿佛着魔了一样，丝毫不做抵抗，反而为敌军服务，帮助噬菌体进一步打开衣壳，释放遗传物质。

细菌

噬菌体

❺ 释 放

一切准备就绪！浩浩荡荡的新病毒冲破细菌细胞，它们接下来要去寻找新的目标。

❹ 组 装

遗传物质和蛋白质都生产完毕，病毒开始在细胞内进行大规模的组装活动。

❸ 生物合成

细菌细胞内的生产机器核糖体加足马力，不断生产病毒蛋白质和病毒需要的其他零配件。

湖泊里的 "粉刷匠"

和古菌一样，神奇的藻类也早早就诞生了！它们擅长把自己居住的湖泊"粉刷"成各种颜色，于是，就形成了大大小小的彩色湖泊。

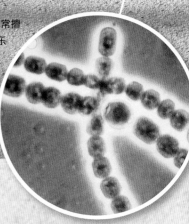

淡水藻类

含有叶绿素的淡水藻类非常擅长制造氧气，它们对这份工作乐此不疲。可是，有些成员并不那么友好，它们霸占一方湖水，大肆繁殖，给水中其他生物的生存造成了困难。

湖水里的绿毯

你见过牛油果色的湖泊吗？湖面上覆盖着一层细密的绿色毛毯，这是聚集在一起的绿色藻类。如果水中的营养充足，这些会自己制造氧气的绿色藻类就会迅速占领一片水域。然而，它们并不知道，自己的蓬勃生长会给水中的鱼儿带来麻烦。藻类在释放氧气的同时，也释放出一种毒素，让周围的鱼儿痛苦万分。藻类死亡后，它们还会让湖水散发出难闻的气味。为了保持湖水的清澈透亮，人们必须减少化肥的使用量，以免含有过多营养物质的农田水流入附近的湖泊，从而促使藻类疯狂生长。

"刷"成粉红色

澳大利亚西南部的一个小岛上，有一片粉红色的湖——希利尔湖。它被茂密的森林环绕，碧蓝的海水和翠绿的森林衬托着它光彩的"肌肤"，被美景吸引的人们走近它，想探探究竟。可是，希利尔湖并不像它看上去那般温柔，湖水的含盐度大约是附近海水的10倍，这让大多数生物都望而生畏。然而，湖水里生活着一种名叫盐藻的微生物，在盐含量高到足以毒死其他生物的环境里，它也可以生存。希利尔湖湖水的颜色正是来自盐藻体内的一种红色色素——β-胡萝卜素。

盐 藻

盐藻喜爱生活在高盐度的湖水或海水里。它们夜以继日地生产 β-胡萝卜素，并不停繁殖，把自己和湖水变成粉红色。

奇怪的原生动物

温暖的河水、潮湿的土壤，甚至叶片上的露珠中，都活跃着数不清的单细胞生物。它们的个头比细菌大许多，而且能像动物一样捕食猎物，四处行走。

放射虫

放射虫因伪足、骨骼大多呈辐射状而得名。在大约5亿年前，放射虫就已经在海洋里生活了。和有孔虫一样，它们拥有庞大的家族成员。一代又一代的放射虫死去后，沉积在海底，变成了厚厚的软泥。

变形虫

这种怪模怪样的原生动物就像是一团黏糊糊的鼻涕，它们可以随心所欲地变换成各种形状，于是得名变形虫。

变形虫的身体被一层薄薄的细胞膜包裹，体内富含可以流动的溶胶质。一旦发现美味的食物，溶胶质立刻流动起来。紧接着，变形虫的身体表面伸出许多指头状、叶状或舌状的突起，就像一只只脚，协助变形虫前往猎物停留的地方，将其包围，然后把食物裹入体内。草履虫是变形虫喜欢的食物，不过，这样的大餐不是天天都有的，所以，它们常吃藻类和细菌。

有孔虫

有孔虫喜欢栖息在幽深的海底，它们的个头小如海边的一粒粒细砂。由于背着坚硬的外壳，它们行动十分缓慢。有孔虫不畏各种严峻的海洋环境，而且其化石可以用来鉴定地层沉积相，所以特别受海洋研究人员的青睐。

草履虫

全身长满纤毛的草履虫极具特色，它的外形酷似倒置的草鞋底。在水中，草履虫满身的纤毛有节奏地摆动，边旋转边前进。如果肚子饿了，草履虫就不停摆动"嘴巴"里的纤毛，鼓起一个个小水涡，然后借着水涡的力量将细菌和营养物质吸入体内。它们悠然地生活在淡水中，别看它们个头小，用处却很大：不仅可以作为鱼儿的食物，还能吞食水中大量的细菌，净化污水。

身体里的居民

从外到内，我们身体的每个部位都是各种微生物的"家"。这些住在我们身上的小小居民，伴随着我们的饮食起居，和我们一起成长。它们每时每刻陪伴着我们，也从我们身体分泌的物质、摄取的食物中吸取它们所需要的养分。

一起成长

数百万年前，微生物就和人类的祖先结下了不解之缘。它们生活在我们祖先的身体里，和他们一起演变、进化。在漫长的岁月中，微生物和人类的关系越来越密切。

在呱呱坠地之前，我们的身体就已经是微生物的"家"。这些小家伙非常喜欢这个新环境，它们明白，总要做一些贡献才能心安理得地住下去：首先，得要帮助小主人构建强大的免疫"防火墙"；接着，要制造一些神奇的化学物质，小主人神经系统的发育一定用得着；而最为重要的工作就是维护小主人的肠道健康。

最新的科学研究表明，初生婴儿肠道内的微生物大多来自母亲，母亲的分娩方式不同，婴儿肠道微生物的构成也会有所差异。

知识加油站

我们身体的运行状态与微生物的活动息息相关。身体里的所有微生物被科学家统称为微生物组。它们有些是维系人体健康的"小天使"，还有些是让我们遭受病痛折磨的"小恶魔"。

牙齿上也有微生物，其中一些还会让人得难受的龋齿。

口腔：理想的栖息地

食物从口腔进入身体，口腔里温暖又潮湿，是微生物理想的栖息地。食物的味道和成分千变万化，拥有不同喜好的微生物都被吸引到口腔里。它们有的钻进牙龈里，有的停留在舌头上，还有的选择在口腔内壁定居下来。

肺：入侵与逃逸

一些有害微生物经常通过口鼻悄悄潜入肺里，让我们感觉很不舒服。实际上，仍有一些"善良"的微生物会与我们的肺和谐相处。我们的肺里缺少湿漉漉的黏膜，所以，微生物要在此生存下来颇为不易。

肺炎球菌不太友好，经常害我们感染肺炎。

肠道里的微生物种类最为丰富，它们分成"好""坏"两派，相互制衡。

肠道：肚子里的"大脑"

身体里的大多数微生物"永久居民"和"临时游客"生活在我们的肠道中。目前，科学家已经发现的肠道细菌有大约1 000种！它们不仅能辅助消化和吸收，还会和肠道里的神经元协作，调节我们的情绪和身体状态。所以，科学家又把肠道称为"第二大脑"。

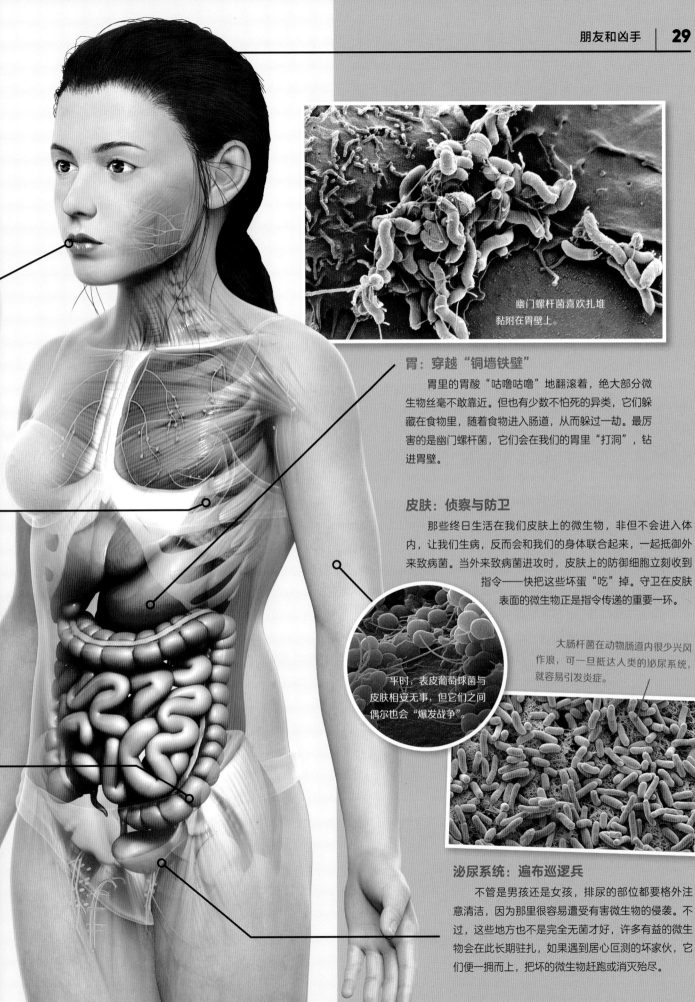

幽门螺杆菌喜欢扎堆
黏附在胃壁上。

胃：穿越"铜墙铁壁"

胃里的胃酸"咕噜咕噜"地翻滚着，绝大部分微生物丝毫不敢靠近。但也有少数不怕死的异类，它们躲藏在食物里，随着食物进入肠道，从而躲过一劫。最厉害的是幽门螺杆菌，它们会在我们的胃里"打洞"，钻进胃壁。

皮肤：侦察与防卫

那些终日生活在我们皮肤上的微生物，非但不会进入体内，让我们生病，反而会和我们的身体联合起来，一起抵御外来致病菌。当外来致病菌进攻时，皮肤上的防御细胞立刻收到指令——快把这些坏蛋"吃"掉。守卫在皮肤表面的微生物正是指令传递的重要一环。

平时，表皮葡萄球菌与皮肤相安无事，但它们之间偶尔也会"爆发战争"。

大肠杆菌在动物肠道内很少兴风作浪，可一旦抵达人类的泌尿系统，就容易引发炎症。

泌尿系统：遍布巡逻兵

不管是男孩还是女孩，排尿的部位都要格外注意清洁，因为那里很容易遭受有害微生物的侵袭。不过，这些地方也不是完全无菌才好，许多有益的微生物会在此长期驻扎，如果遇到居心叵测的坏家伙，它们便一拥而上，把坏的微生物赶跑或消灭殆尽。

调皮鬼访谈录

居住在人体内的微生物有时候会闹出一些小风波，给自己的小主人制造一些小麻烦。这不，嗜糖如命的细菌刚吃完小主人嘴巴里的甜食，正满足地拍着圆滚滚的肚子。不过，它有一点点愧疚：可怜的小主人，又该牙疼了。正这么想着，它看见了远道而来的记者。

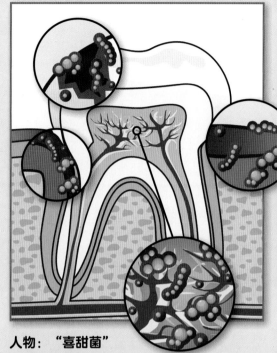

人物： "喜甜菌"
爱好： 甜食
恶作剧： 蛀牙、臭屁

你好，我想你就是传说中的……

没错，我就是"喜甜菌"。我们家族可庞大啦，大家爱好都一样，喜欢甜食。对了，你带了甜食来吗？

不好意思，下次我带一些来。你们平时都住在口腔里吗？

口腔里有好多好多的食物，小主人吃东西剩在口腔里的那些，就都归我们啦。我们喜欢住在这里，这里多舒服呀，既温暖又湿润。有些亲戚讨厌氧气，它们就只能住在小主人的肠道里，据说那里也有很多甜食。

你们为什么那么爱甜食呢？

因为好吃呀，我们主要吃那些富含糖的食物，比如小朋友爱吃的糖果、巧克力、蛋糕。当小主人吃甜食的时候，我们就特别开心。

小主人喜欢你们吗？

我猜可能不那么喜欢吧。我们吃完糖后，会不由自主地排出一种酸性物质。小主人的牙齿特别害怕这种酸，因为它会一点点地把牙齿腐蚀掉，让牙齿变黄变黑，最后牙齿上会出现一个大黑洞！

你肠道里的亲戚呢，它们得宠吗？

听说小主人更喜欢它们，它们给小主人的消化帮了大忙。不过，它们消化肠道里的糖时，会产生气体，过程跟发酵有点像。这些气体无处可去，堆积得越来越多，小主人就会感到肚子胀，甚至肚子痛。不过，小主人只要放一个屁，这些气体就排出去啦。

所以小主人对你们爱恨交加……

可以这么说吧，毕竟，没有我们，小主人得多孤单呀！除了我们家族，小主人还有很多其他的微生物伙伴，它们中的一些也特别爱闯祸。哎呀，正好"痘痘菌"来了。

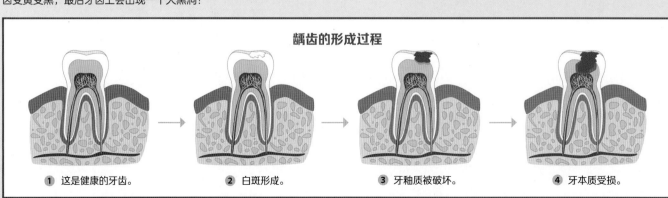

龋齿的形成过程

① 这是健康的牙齿。　② 白斑形成。　③ 牙釉质被破坏。　④ 牙本质受损。

人物："痘痘菌"
爱好：油脂
恶作剧：痤疮

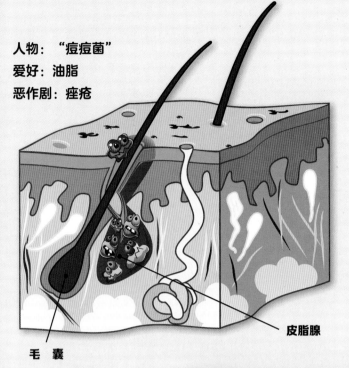

毛 囊

皮脂腺

啊哈，"痘痘菌"，你的名字有些特别呀！

快别这么说，这是小主人给我取的。小主人一点也不喜欢我，因为我老是害得他长痘痘，可是，我也不是故意的嘛。

别难过！你们平时住在哪里呢？

我们平时老老实实地待在皮肤里，不给小主人添一丁点麻烦。不过，周围的温度和湿度一发生变化，我们就得搬家。虽说我们家族庞大，但其实大家都很脆弱，对环境要求特别高。

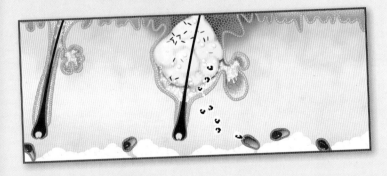

你们喜欢什么样的环境？

这个，有点不好意思说，我们喜欢湿漉漉、没有氧气的地方。那些地方非常舒适，也有我们爱吃的食物。我们最爱滑溜溜的油脂了，它们大多堆积在皮肤的皮脂腺里。

如果小主人的身体不舒服，或者饮食、睡眠习惯发生改变，皮脂腺会分泌比平时多得多的油脂，这个时候，我们就可以大饱口福了！

听说你们破坏力超强，你们会做些什么呢？

如果毛囊被堵塞了，我们会在毛囊和皮脂腺里大量繁殖。可惜皮肤也不会让我们安稳地生活太久，它会号召一大批白细胞来攻击我们。大家奋力厮杀，有些兄弟抵挡不住，被白细胞吃掉了。这时，毛囊就会红肿，小主人还会觉得有点疼。被吃掉的兄弟就成了痘痘里脓液的一部分。

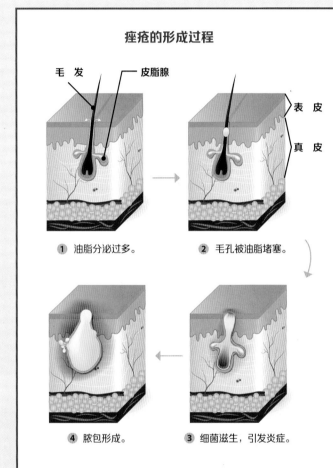

痤疮的形成过程

毛 发　　**皮脂腺**

表 皮
真 皮

① 油脂分泌过多。　　② 毛孔被油脂堵塞。

④ 脓包形成。　　③ 细菌滋生，引发炎症。

你们有害怕的东西吗？

有啊，小主人一点也不喜欢那些冒出来的痘痘，毕竟它们有损他的颜值。这时候，小主人可能会在我们居住的皮肤上涂一些药膏，呜呜，这些药膏把我们害惨了，至此，我们家族全军覆没。

真是不幸，你有什么想跟小主人说的吗？

小主人，对不起，给你造成了这么多困扰。希望你能原谅我们！

"伤寒玛丽"

曾经有一名女厨师，专门给大户人家做饭。她每到一户人家，过不了多久，那里就会出现一批伤寒患者。一位医生找到了她，想给她做医学检查，她却勃然大怒，因为她并没有感觉身体有任何的不舒服。卫生部门也拿她没办法，只好将她隔离在医院里。你也许没听过她的名字，但她的外号却广为流传，那就是"伤寒玛丽"。

19世纪，牡蛎湾一家感染伤寒的7口人里，只有3位幸存下来。

富人区暴发伤寒

玛丽有一手好厨艺。那时，许多有钱人家会请专业的厨师，玛丽就从事着这份职业。有一次，她来到了美国纽约州长岛牡蛎湾，那是一个富人区。可不出一星期，牡蛎湾就出现了6名伤寒患者。

这太不合常理了，要知道，诱发伤寒的伤寒杆菌是随大小便排出，再污染食物从而造成感染的。富人区的居民大多讲究个人卫生，都养成了勤洗手的习惯。一户被传染的家庭请来了伤寒专家索珀，索珀研究了当时各次疫情的数据，很快就猜到，这个名叫玛丽的厨师很可能是传染源。

玛丽没有卫生意识，饭前便后从来不洗手，上完厕所直接做饭，细菌便轻松地传播到雇主的饭菜里。

如果感染了伤寒杆菌，患者的小肠可能会发生特异性溃疡。

终于找到了传染源

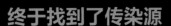

可是，玛丽在哪里呢？玛丽似乎注意到了自己的"超能力"，每到一户人家当厨师，只要这家出现伤寒病例，她就立刻走人，也从来不留下联系地址，索珀很难直接找到她。

但索珀也不是全无办法，只要某个地方出现疫情，他就立刻前往调查。果然，很快又出现伤寒了。索珀立刻前往这户人家，见到了玛丽。他希望玛丽能够提供大小便样本，谁知道玛丽一口回绝。她表示自己没有生病，根本不可能传播疾病。无论索珀如何晓之以理，玛丽也不为所动。索珀没有办法，只好离开了。

无可奈何的隔离

索珀将情况上报给纽约卫生局，纽约卫生局派了一名女医生，试图说服玛丽，可仍以失败告终。无奈之下，女医生只好请警察协助，强行拘留了玛丽。通过一系列检查，医生在玛丽提供的大小便样本中发现了大量伤寒杆菌。当时的研究发现，伤寒患者如果转入慢性阶段，伤寒杆菌便聚集在胆囊里。他们建议玛丽切除胆囊，或者放弃厨师的工作。但玛丽不接受，政府没办法，只好把她带到一个偏远的诊所里隔离。等她恢复自由身后，玛丽又因从事厨师行业而导致伤寒到处传播，政府只好再一次将她隔离起来。

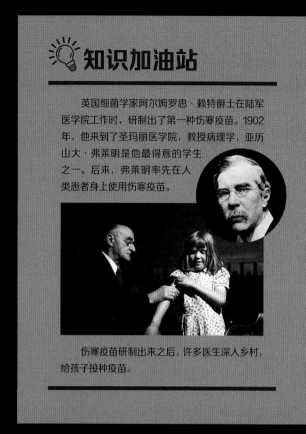

知识加油站

英国细菌学家阿尔姆罗思·赖特爵士在陆军医学院工作时，研制出了第一种伤寒疫苗。1902年，他来到了圣玛丽医学院，教授病理学，亚历山大·弗莱明是他最得意的学生之一。后来，弗莱明率先在人类患者身上使用伤寒疫苗。

伤寒疫苗研制出来之后，许多医生深入乡村，给孩子接种疫苗。

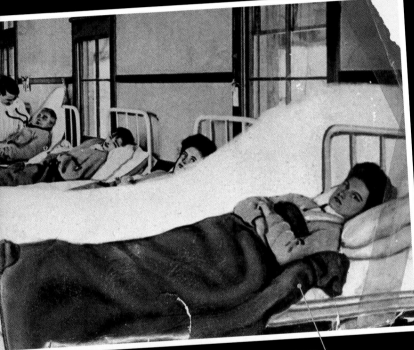

人们拿玛丽没办法，把她隔离在诊所里，不让她出来。她在诊所里一待就是 20 多年，直到去世。

伤寒杆菌从哪里来？

伤寒杆菌可能会引发恼人的伤寒。这种微生物喜欢脏兮兮的粪便或垃圾，如果我们饮用未经消毒的水，或者便后不洗手，就有可能让伤寒杆菌乘虚而入。

在受污染的地方上厕所　　烹饪之前不洗手　　直接饮用被污染的水

玛丽为什么不得病？

其实，玛丽是一个致病菌携带者。伤寒杆菌进入人体后，身体会调动吞噬细胞来抵抗和消灭致病菌。这场战役引起人体强烈的免疫反应，造成发烧、腹泻，不过

吞噬细胞

它们一般只会持续几天到几星期。之后，如果致病菌还没被完全消灭，免疫系统会改用相对温和的方式，比如用抗体来消灭残余的致病菌。这时候吞噬细胞开始收拾行李，打道回府，而有些没被杀死的致病菌可能已被吞进吞噬细胞的肚子里，在那里安居乐业，繁衍后代。它们不敢造次，因此宿主也不会出现患病症状，就这样，"伤寒玛丽"成了历史上最有名的无症状感染者。

如果感染了伤寒杆菌

如果感染了伤寒杆菌，身体会发出一系列信号，通知我们赶快去医院。有些信号和其他坏家伙引起的症状十分相似，所以我们一旦怀疑自己感染了伤寒杆菌，必须做更精准的检测。

头疼　　起疹子　　发热　　腹痛　　便秘

病毒征服世界

和细菌一样，病毒也无处不在。它们飘浮在四周的空气中，栖息于我们常用的物品上，潜伏在脚下的泥土里。这些病毒常常趁我们毫无防备的时候钻入我们体内，然后洋洋得意地搞破坏。有些病毒是我们的老朋友，通常捣蛋一番就会离开。鼻病毒便是其中一位，它是我们大多数感冒的罪魁祸首。据估计，每个人一生中会有大约一年的时间在跟感冒搏斗。

200 多种

导致我们感冒的病毒有200多种，其中最常见的病毒是鼻病毒。

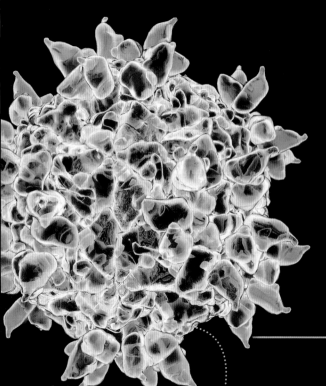

鼻病毒的航行

鼻病毒一天到晚都在奔波，它搭载着我们提供的天然"飞行器"，到处飞行。每每决定要出门，鼻病毒就竭尽全力挤上"鼻涕航班"。运气好的时候，"鼻涕航班"会降落到我们手上。手一点也闲不住，一会儿摸门把，一会儿摸电梯按钮……鼻病毒就被载去了这些地方。当另一个人触碰了这些地方，"鼻涕航班"再次起航。如果这个人没有及时洗手，那他很有可能就中招了。"鼻涕航班"会抓住一切机会（擦鼻子、吃东西、揉眼睛等），降落到他温暖的黏膜里，如鼻腔、口腔、眼睛。经过多次"转机"，鼻病毒终于抵达了一片新天地。

有时候，鼻病毒还会搭上"唾液航班"，被一个喷嚏远远喷出去，或者趁我们说话时飞出去，然后稳稳降落到别人的鼻子或口腔里。那些倒霉的人可能还全然不知，任由鼻病毒猖獗地潜入他们的身体。接下来，他们也会变成鼻病毒的中转站。

大家好，我就是声名远扬的鼻病毒。我们家族的成员喜欢到处旅行，几乎一刻也停不下来。

这是我的大家族，我们都叫作鼻病毒。

❷ 第二站：女孩的手
男孩出门见到朋友，他们击了个掌，于是，我们趁机来到女孩的手上。

❸ 第三站：女孩的口腔
女孩回到家没洗手就开始吃苹果，我们就飞到了女孩的嘴巴里。

我们最喜欢人类的手，它们能带我们去到各个地方。

❶ 第一站：男孩的手
我们住在男孩的身体里，这天，我们搭乘"鼻涕航班"，来到了男孩的手上。

厉害的远房亲戚

鼻病毒钻入人体，只会感染一些细胞，因为战斗力十分有限，它们不会带给人巨大的伤害。可是，鼻病毒的远房亲戚——流感病毒可没有这么"善良"。一旦遭到流感病毒的攻击，我们就会感觉糟糕透顶。鏖战数日后，身体可能会放弃抵抗。更令人苦恼的是，流感病毒还十分嚣张，它们每年都会出现，到处传播，给全世界制造麻烦和恐慌。

是普通感冒还是流感？

有时候，我们会误把普通感冒当成流感，因为它们拥有一些相同的症状。不过，如果你仔细判别，它们还是容易区分开的。

普通感冒的常见症状	共有的症状	流感的常见症状
食欲尚可	咽疼	食欲不振
咳嗽	头痛	高热
打喷嚏	乏力	打寒战

流感病毒

甲型 H3N2 流感病毒

流感病毒喜欢搭乘"唾液航班"。如果不小心吸入了带病毒的空气，那我们可就遭殃了。流感病毒顺着鼻孔或嗓子，降落到气管壁上，它们飞快地复制自己，然后到处扩散。如果免疫细胞不能把它们消灭在气管里，流感病毒就会长驱直入，攻占肺部，引发更严重的病变。

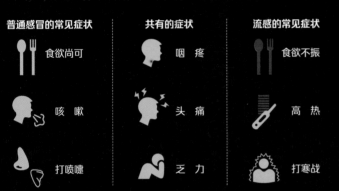

鼻病毒和流感病毒都来自感冒病毒，它们不仅模样相似，连坏脾气都很像。

抵挡感冒病毒

狡猾的感冒病毒似乎无孔不入，我们就只能听之任之吗？其实，只要做好必要的防护，养成良好的卫生和作息习惯，就不会让这些病毒有可乘之机。

❹ 第四站：女孩的手

女孩开始咳嗽、打喷嚏，一下子把我们喷出，这下，我们又来到了女孩的手上。

❺ 第五站：家里的物品

很快，只要是女孩摸过的地方，就都留下了我们的成员。

每到 10 月，天气开始变得阴冷、干燥，感冒病毒也就活跃起来，它们东窜西窜，到处繁殖，一直到第二年的 5 月才会渐渐消停。所以，每到这个时候，我们就得格外小心。

❶ 接种疫苗

❷ 勤洗双手

❸ 戴好口罩

❹ 空气流通

❺ 健康饮食

❻ 作息规律

传染病的主谋

　　历史上，和流感一样让人闻之色变的传染病数不胜数。一些传染病，如黑死病、天花，曾发展为一次次瘟疫，给人类带来了不可估量的损失。人类的祖先曾认为这是天神在惩罚自己，现在，人们懂得了这是微生物入侵的缘故。可是，微生物是从哪里来的呢？

生病的骆驼和主人

　　2013 年，在沙特阿拉伯一望无垠的沙漠里，一只骆驼患了"感冒"。骆驼的主人用随身携带的毛巾为它反复擦拭鼻涕，祈盼着它能早点康复。可是，没过几天，骆驼的主人也生病了，他开始流鼻涕，咳嗽很严重。不出半个月，因为病情加剧，骆驼的主人竟去世了。后来科学家发现，让骆驼生病的病毒和夺去主人生命的病毒是一样的，它被称为 MERS 病毒。很显然，是骆驼把病毒传给了主人。

瘟疫是什么？

　　瘟疫是指传播迅速、杀伤力强的流行性传染病。引发瘟疫的微生物每涉足一个地方，绝不会放过接近它们的人群。这些微生物想方设法侵入人体，然后攻城略地，让人措手不及。很快，被感染的人就会出现严重的不适，甚至失去生命。

霍乱
病原体：霍乱弧菌。霍乱弧菌一般弯曲成弧状或逗点状，并拖着一根长长的鞭毛。
主要传播媒介：水和食物。

鼠疫（黑死病）
病原体：鼠疫杆菌。鼠疫杆菌感染了老鼠，潜伏在病鼠身上的跳蚤伺机叮咬人类，把鼠疫杆菌传播给人类。
主要传播媒介：鼠蚤、空气和体液。

疟疾
病原体：疟原虫。如果没有碰到天敌，疟原虫会在人体内反复作乱。好在中国药学家屠呦呦发现了它的克星——青蒿素。
主要传播媒介：疟蚊、血液。

"头号"危机

传染病一旦出现，微生物会立刻被视为罪魁祸首，可其实它们有时也非常无辜。就我们目前所知，数百万种微生物中，只有少部分能让人生病，而这里面只有大约 380 种微生物，可以经由一个人传给另一个人。大部分诱发传染病的微生物是在动物身上发现的。当人类和动物密切接触，或者食用了动物的肉，就容易感染这些微生物，接着，它们就把人类当成心仪的宿主，开始大肆流窜。

疯牛病病毒宿主——牛

艾滋病病毒宿主——猩猩

狂犬病病毒宿主——狗

💡 知识加油站

病原微生物跟随患者的飞沫或血液等，来到另一个人的身体中，就形成了传染病。传染病拥有 3 个重要的特点：

- **致病性**：微生物如果足够厉害，就能一举击败人体内的免疫细胞。
- **毒性**：它代表微生物引起疾病的严重程度，死亡率是毒性的一种体现。
- **传染性**：即便毒性很强，如果微生物不擅长在人和人之间穿梭，就不会引起大规模流行。

骆驼并非是病毒的第一宿主，它顶多算是 MERS 病毒传播的"受害者"和"帮凶"。

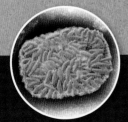

天 花

病原体：天花病毒。天花病毒曾经让人大伤脑筋，它们酷爱在患者皮肤上"播种"红疹子。

主要传播媒介：皮肤、空气。

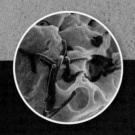

埃博拉

病原体：埃博拉病毒。埃博拉病毒呈细长的丝状，它们非常不好惹，如果侵入人体，会大肆破坏多个系统。

主要传播媒介：体液。

肺结核

病原体：结核分枝杆菌。这种细菌体形细长，如果钻进我们的身体，会使肺部变得很不舒服，引发肺结核。

主要传播媒介：空气。

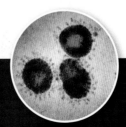

传染性非典型肺炎（SARS）

病原体：SARS 病毒。这种病毒呈球形，皱巴巴的表面伸出许多根纤突，好像一顶顶小皇冠。

主要传播媒介：空气。

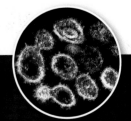

新型冠状病毒肺炎（COVID-19）

病原体：（简称）新冠病毒。它和 SARS 病毒长得非常相似，而且同样会引发严重的呼吸道综合征。

主要传播媒介：空气。

救星和灾星

如果接触到讨厌的致病菌，身体一定会全力抵抗。要知道，这些坏家伙几乎无孔不入，可能被你吸进鼻子，吃到嘴里，也可能钻到皮肤的伤口中。一旦成功入侵，它们会迅速抵达肺部或肠道，然后大肆繁殖，吸食你体内的营养，还恩将仇报地释放毒素。

奋力顽抗

当致病菌入侵我们的身体时，免疫系统会立刻打响保卫战。成群结队的免疫细胞赶赴"战场"，它们分工协作，有些负责侦察，有些负责围剿，还有些负责吞噬。可是，有的致病菌非常狡猾，能躲避这些反击，成功潜入健康的细胞里，然后发起一轮一轮的攻击。人体经受不住这样的摧残，各种不舒服的感觉就会接踵而至，这时，就需要请抗生素帮忙了。

知识加油站

微生物能产生置人于死地的毒素，也有可能被其他微生物的产物消灭。

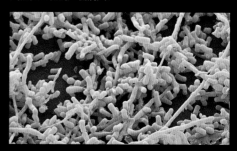

链霉菌产生的链霉素可以用于治疗肺结核。

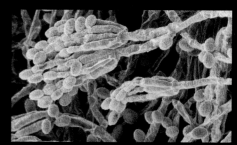

青霉菌产生的青霉素可以破坏细菌的细胞壁。

因为发现青霉素，亚历山大·弗莱明于 1945 年和另外两名科学家共同获得诺贝尔生理学或医学奖。

救星登场

最早诞生的抗生素是青霉素（又称盘尼西林），由英国细菌学家亚历山大·弗莱明意外发现。有一次，他去法国度假，等回到实验室，发现之前培养的葡萄球菌忘记丢掉了，结果上面长出了一些毛茸茸的蓝绿色霉花。培养皿中的葡萄球菌大量繁殖，唯独在青霉菌旁边不见了踪影。弗莱明意识到，青霉菌产生的某种东西能杀死葡萄球菌或阻止它的生长，他把这种东西命名为青霉素。后来，英国病理学家弗洛里和英国生物化学家钱恩通过实验证明了青霉素可以治疗细菌感染，并找到了青霉素的提取方法。

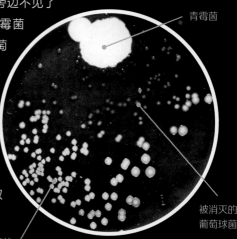

青霉菌

健康的葡萄球菌

被消灭的葡萄球菌

弗莱明的培养皿

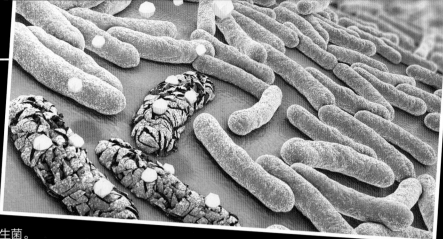

不辨好坏

　　抗生素刚被发明出来的时候，人们非常震惊：它居然能消灭这么多有害的细菌。于是，人们给它起名为"万灵药"，不论大病小病，都会考虑使用抗生素来速战速决。可惜，抗生素有时候不懂得"明辨是非"，分不清致病菌和益生菌。这样一来，生活在我们肠道中的可怜小细菌——益生菌，也遭遇了灭顶之灾。

抗生素将细菌慢慢瓦解。

卷土重来

　　尽管科学家研发出了越来越多种类的抗生素，可致病菌一点也没有消失的迹象。时间一长，它们反而变得更加厉害了。当遇到抗生素时，它们淡然自若，不再会受到任何伤害，这就是耐药性的产生。这样一来，科学家只好继续研究新的抗生素，可致病菌也丝毫不肯认输，它们接着变异、变强——一个新的轮回又开始了。

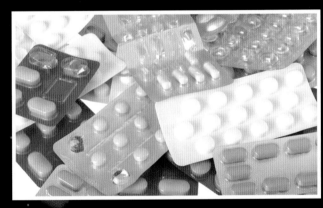

抗生素往往只能治愈细菌感染，不能治愈流感等病毒感染。滥用和错用抗生素导致细菌耐药性增强。

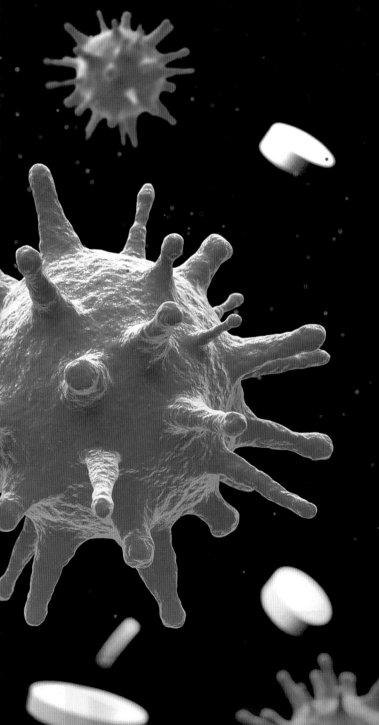

暗藏危机

　　其实，不仅是我们的身体里，生活中到处都有抗生素的踪迹。医院和制药厂排出的污水里含有抗生素，潜藏在人类尿液里的抗生素也流入了废水处理系统，生病的动物被注射或投喂了抗生素，它们的粪便又被泥土吸收。这样一来，在我们周围的环境中，细菌军团不断变强，有朝一日，它们也会以更强大的战斗力卷土重来，给我们制造麻烦。

抵御外敌

面对病原体的入侵，我们的身体并不会坐以待毙，而是施展种种策略抵抗外敌，各种防御手段联合在一起，构成了我们的免疫系统。在作战胜利之后，身体仍然记得敌人的模样，等到它们下次来犯时，免疫大军就会认准目标，快速出击，轻松打败敌人。有时候，医生还会故意让一些苟延残喘或死亡的有害微生物进入我们的身体，让免疫大军知己知彼，随时做好应战准备。

前端屏障

皮肤是我们身体的一层防护铠甲，它和呼吸道、消化道里的黏膜一起，组成了免疫系统的第一道防线。平时，危险的微生物难以攻破这道防护墙，可如果皮肤出现了破损，致病微生物就能轻而易举地沿着伤口侵入体内。这时，溶菌酶和吞噬细胞——免疫系统的第二道防线——就会闻讯赶来，它们像雌雄双煞一样，让病原体瑟瑟发抖。溶菌酶擅长撕裂致病菌的细胞壁外衣，吞噬细胞则会狼吞虎咽地吃掉病原体。

第三道防线

各种各样的免疫细胞配合默契，将病原体团团围住，直至消灭。

第一道防线

皮肤和黏膜将自己当作城墙，抵挡外来微生物的入侵。

如果皮肤受伤了，血液就会从毛细血管里流出。为了减少出血，纤维蛋白和血小板聚集起来捆住红细胞，形成有黏性的血块。

血液里的免疫细胞各个身怀绝技，能够灵活应对各种病原体。

后端防卫

大多数病原体会在前端被消灭殆尽，可如果它们战斗力强，就会继续长驱直入，随着血液去往身体的其他地方。众多免疫器官、组织、细胞和分子开始投入这场战斗中，它们运筹帷幄，密切配合，有的负责放哨，有的负责分析，有的负责作战，还有的负责清理。如果察觉敌方非常陌生，有些细胞还会负责记忆。等再碰到相同的敌人，它们立刻就能辨别出来，然后快速拿出看家本领，一招制敌。

💡 知识加油站

一些疫苗是用被杀死的微生物制成的，比如流感疫苗、霍乱疫苗、伤寒疫苗等。还有一些疫苗是将活的病原体降低毒力之后，直接注入人体内，麻疹疫苗、水痘疫苗等都是这样制成的。

终极武器：疫苗

人体的免疫防火墙有时候会失灵，这可能是因为入侵者十分罕见，或者毒性很强。为了帮助我们的免疫大军，科学家分离出这些致病微生物，让它们在干净的地方生长，再把它们杀死，或是减小它们的毒性，这样就得到了一种叫疫苗的东西。当我们注射疫苗之后，身体里的免疫细胞察觉到陌生的外来物，因为这些外来物毫无战斗力，消灭它们简直小菜一碟。然后，记忆细胞牢牢记住了外来物的模样，不再畏惧其再度入侵。

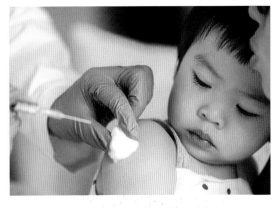

为什么有些疫苗要注射多次？

有些疫苗只注射一次就好，但有一些需要隔一段时间再注射第二次、第三次，为什么会有这样的区别呢？我们知道疫苗有减毒活疫苗和灭活疫苗。减毒活疫苗进入身体后，虽然毒性很弱，但是可以继续繁殖，产生新的后代。慢慢地，我们全身的免疫细胞就记住了这种病原体。但是灭活疫苗不能繁殖，所以需要注射多次来让身体不断加深印象，从而记住它。

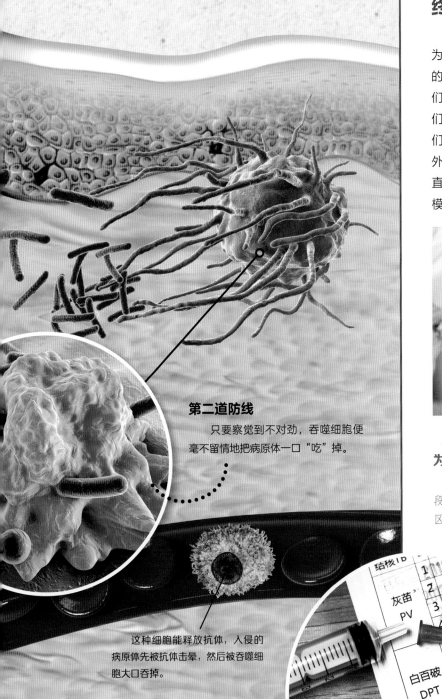

第二道防线

只要察觉到不对劲，吞噬细胞便毫不留情地把病原体一口"吃"掉。

这种细胞能释放抗体，入侵的病原体先被抗体击晕，然后被吞噬细胞大口吞掉。

小小厨神

　　微生物可能是与我们共存的朋友，也可能变成与我们针锋相对的敌人。现在，科技的发展让微生物更多地为我们的生活服务。事实上，我们的祖先很早就意识到，变质、发霉不一定都是坏事。人们把这些有趣的现象加以利用，创造出许多足以改变世界的新事物。比如，我们餐桌上的很多美味就得益于微生物的努力。

知识加油站

　　在酸菜刚刚开始腌制时，除了乳酸菌，罐子里还生活着其他"坏"的微生物。它们肆无忌惮地制造对人体有害的亚硝酸盐，好在它们存活不了多久。正因为这样，制作好的酸菜得放置足够长的时间（约14天），让有害微生物和亚硝酸盐都消失后才能食用。

米酒：根霉、酵母菌

　　拥有甜甜的味道、稠稠的口感，米酒是酒家族中温柔甜美的少女。原来，米酒里除了有把糖分变成酒精的酵母菌，还有另一个微生物——根霉。根霉把糯米变成简单的糖，酵母菌只能享用其中的一部分，于是米酒就变得香甜了。

酸菜：乳酸菌

　　深秋是制作酸菜的好时节。人们把清洗干净的白菜放在装满盐水的罐子里，用重木板压住罐口。讨厌氧气的乳酸菌正好可以大显身手，它们使出绝活，把蔬菜中的糖分变成别具风味的物质。

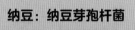

纳豆：纳豆芽孢杆菌

　　以前，人们会把煮熟的大豆用稻草包起来，制成纳豆。稻草里的纳豆芽孢杆菌成群结队地乔迁到大豆上，它们特别擅长改造术，轻轻松松就能把煮熟的大豆变成软黏、可口的纳豆。

食醋：醋酸菌

　　醋酸菌一点也不爱吃醋，糖才是它们的最爱。它们吃掉甜甜的糖，再排出酸酸的醋。醋酸菌还喜欢"云游四海"，植物体内、小溪里以及潮湿的土壤里都有它们的身影。

蓝纹奶酪：青霉菌

奶酪是用牛奶制作的美味佳肴。尽管奶酪本身是由凝乳酶加工而成的，但发源于法国的蓝纹奶酪却巧妙利用了长在奶酪上的无害青霉菌，给奶酪增添了另一番风味。

酸奶：乳酸菌

乳酸菌一钻进牛奶里，就会"吧唧吧唧"地吃掉里面美味的乳糖，把它们变成乳酸。乳酸菌很有本事，不但能让蛋白质凝固，使牛奶变得黏稠，还会赶走那些怕酸的有害微生物。不过，只要温度稍高，乳酸菌就会承受不住，纷纷死去，所以酸奶需要冷藏。

面包：酵母菌

当面包还是生面团的时候，面包师会在里面加入酵母菌。酵母菌在面团里慢慢发酵，制造出许多气体，把原本黏在一起的面一点点撑开。于是，面包就变得蓬松又柔软。

啤酒：酵母菌

古埃及人利用发酵的面团酿造啤酒，制作工艺烦琐。现在，人们只需往煮沸过滤好的麦芽里加入酵母菌，等它们吃掉里面的糖分，吐出酒精和气体，就差不多大功告成了。

火腿：微球菌和葡萄球菌

咸咸的火腿大受微球菌和一些葡萄球菌的欢迎。这些微生物聚集在火腿的表面和内部，尽情地享用蛋白质和脂肪，吐出独特的香气和充满诱人味道的物质。

医生的帮手

　　微生物既能扮演传播疾病的元凶，也能化身预防疾病的疫苗。实际上，从古到今，医学家还发现了微生物其他的宝贵价值——制作药物。我们耳熟能详的许多药物正是由微生物参与制成的。

天然的药材

　　古老的中医药里便有微生物的身影，它们大多和蘑菇一样，是体形巨大的真菌。这些真菌从孢子慢慢发育为菌丝，再长成可供人类食用的子实体。

灵　芝

　　在中国古代，充满神秘感的灵芝被视为可以救命的仙药。灵芝头上巨大的菌盖和下面的菌柄由细细密密的菌丝编织而成，它们常常定居在山林里的腐树上和树根旁，那里虽然常年光线昏暗，却温暖潮湿。

　　药用价值：治疗神经衰弱，补气安神。

银　耳

　　洁白而晶莹的银耳生长在阴暗潮湿的地方，和蘑菇一样，它们把肥厚的子实体暴露在地表或树枝上。大自然把银耳设计得十分精巧，它们形似花朵，拥有充满褶皱的瓣片。银耳被晒干之后，会变得脆而硬。

　　药用价值：养胃润肺，增强免疫力。

冬虫夏草

　　每到深秋，虫草蝙蝠蛾等的幼虫一股脑儿钻到地下，准备冬眠。这时，蛰伏的虫草菌就会侵入幼虫，不断汲取幼虫的营养。菌丝旺盛生长，直至充满整个虫体（冬虫）。第二年夏天，菌体破土而出，"开枝散叶"（夏草）。

　　药用价值：补肾益肺。

益生菌

　　我们的身体为微生物提供了家园，它们大部分都知恩图报，对我们十分友好。那些定居在我们肠道里的小生物，不仅兢兢业业地帮忙分解那些我们无法消化的食物残渣，把它们变成养分，还会生产一些人体自身无法合成的维生素。当有益菌足够多时，它们就能抑制有害菌的繁殖，维护我们的肠道健康。大部分益生菌我们都可以从饮食中获取，可如果它们的数量、种类不够多，我们的肠道就会抗议示威，腹胀、腹痛接踵而至。这时，医生通常会建议我们吃一些益生菌制剂，来帮助身体快速补充缺少的菌群。

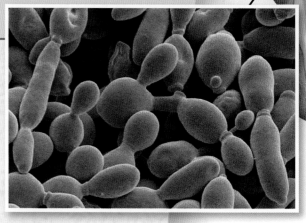

酵母菌

　　面包、馒头等主食一般由酵母菌发酵而成，常吃它们有助于调节肠道健康。

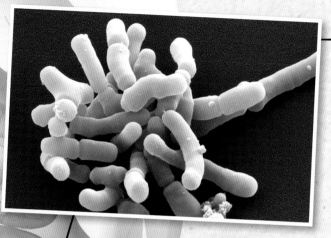

双歧杆菌

双歧杆菌是我们肠道的健康卫士，能生产出乳酸和醋酸等，来抑制有害微生物的生长。

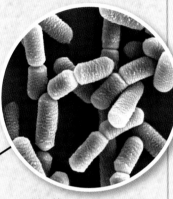

乳杆菌

吃完最喜欢的食物——糖类，乳杆菌释放出乳酸，以促进肠道消化。

知识加油站

富含益生菌的食物或药物里活跃着许多活菌，它们能为我们的肠道菌群添砖加瓦，助消化一臂之力。

含益生元的食物或药物里没有活菌，但它们富含益生菌爱吃的食物，可以让肠道微生物大快朵颐。

① **水果：益生元**
有些水果富含有益于维持肠道菌群平衡的物质。

② **坚果：益生元**
许多坚果的外皮富含益生元。

③ **豆类：益生元**
豆类食物富含促进益生菌生长和繁殖的纤维。

④ **葱、洋葱和大蒜：益生元**
这些蔬菜富含一种被称为果聚糖的纤维。

⑤ **酸菜：益生菌**
腌制的白菜里活跃着数不清的乳酸菌。

⑥ **酸奶：益生菌**
酸奶含有多种益生菌。

益生芽孢杆菌

这个多面手不仅能分泌多种抑菌物质，杀死有害细菌，还能协助免疫系统工作。

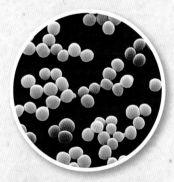

肠球菌

大多数时候，肠球菌安居在肠道内，不会给人类惹麻烦。不仅如此，它们还能用于治疗腹泻等疾病。

科技小能手

除了在医学界大放异彩，微生物在能源、环境、农业生产等领域也功勋卓著。它们身体虽小，却毫不吝惜地贡献自己的力量，给我们的生活带来了诸多便利。

沼泽里的泡泡

居家、出行、工业生产……我们的生活离不开能源。可是，煤、石油、天然气这些能源宝藏，总有一天会被开采穷尽。好在科学家一直在努力寻找可再生的能源。他们注意到，污水沟和沼泽里常常"咕嘟咕嘟"地冒着泡泡，将火柴靠近，轻轻一划，泡泡里的气体就被点燃了，科学家将这种气体称为沼气。

沼气里充斥着甲烷，而甲烷正是天然气的重要成分。沼泽里生活着许多产甲烷菌，它们最擅长的就是吃掉简单的养分，再吐出甲烷。专家提议，可以把生活垃圾收集起来，运往人工建造的沼气池中。这样，看似没用的垃圾聚集在沼气池里，经过产甲烷菌和其他微生物的一通消化，就产生了宝贵的燃料。

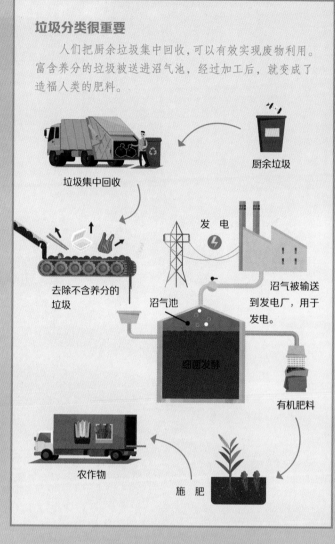

垃圾分类很重要

人们把厨余垃圾集中回收，可以有效实现废物利用。富含养分的垃圾被送进沼气池，经过加工后，就变成了造福人类的肥料。

垃圾集中回收

厨余垃圾

去除不含养分的垃圾

发电

沼气池

沼气被输送到发电厂，用于发电。

细菌发酵

有机肥料

农作物

施肥

寻找石油的小向导

石油通常深埋在地下，有时也会穿过岩层的缝隙，蹿到靠近地面的土壤里。名叫烃氧化菌的家伙成群结队地闻讯而来，它们最喜爱石油这种美味的食物。用不了多久，这片土壤就会成为烃氧化菌的乐园，它们安定下来，繁衍生息。正因为如此，石油勘探人员敏锐地判断：如果某个地带的土壤里活跃着大量的烃氧化菌，那么，这里的地下很可能潜藏着石油。接下来，配合其他的找矿方法，他们就可以轻松锁定石油矿藏的分布范围了。

石油钻井工程浩大，所以提高勘探精准度十分重要。

在沼气池中，细菌有条不紊地忙碌着：负责发酵、分解的细菌忙着把粪便、秸秆、杂草转变成简单的小分子，产甲烷菌紧跟在它们身后，把简单的小分子"收拾"妥当，制造出混有甲烷、二氧化碳、硫化氢等气体的沼气。

驱虫高手

有些微生物是昆虫的天敌。人们把这些微生物集中培养，制成"农药"，然后撒到田地里，大大减少了农田里的害虫。而且，这些从大自然中来的小生物既不会破坏环境，也不会危害人的身体健康。颗粒体病毒就是一位驱虫高手，它可以寄生在有害的蛾、蝶身上，让害虫渐渐失去生命力，从而保证农作物的健康生长。

这是一只被昆虫病原体杀死的昆虫。

净水专家

鱼池是鱼儿生活的乐园，但因为不像河流、海洋那样可以自由流动、循环，所以池水很容易变质，从而危及鱼的生命。人们发明了一种"微生物净水剂"，它们不是什么药剂，而是一群活蹦乱跳的微生物，尤其擅长食用鱼池里过剩的有机物。事实上，这些微生物不仅可以帮助鱼儿打扫房间，还能寄居在鱼的身体里，变成鱼的消化小助手。

垃圾堆填区一般离市区很远，这样人们就闻不到漫天的臭气了。

降解"达人"

人们丢弃的垃圾会被集中堆放，或埋在土壤中。之后，处理工作就全靠微生物的辛勤付出了。面对这些庞大的垃圾，小小的微生物要慢慢分解和代谢，而塑料是其中最难"消化"的。科学家至今没有找到可以快速降解塑料的微生物或生物降解剂，所以我们才会提倡使用环保材料，减少塑料制品的使用。

名词解释

孢子：一种有繁殖作用或休眠作用的细胞，离开母体后能直接或间接发育成新的个体。

病原体：能引起疾病的微生物和寄生虫的统称。

痤疮：一种毛囊皮脂腺的慢性炎症，多出现在青年男女的面部。

单细胞藻类：仅由一个细胞构成的藻类，是一个能够独立完成营养生长、代谢和繁殖功能的生物体。

放线菌：和真菌相似，放线菌呈菌丝状生长。但与真菌不同的是，它是原核生物。主要分布在土壤中。

酵母菌：真菌的一个类群，能发酵糖类的各种单细胞真菌的统称。

菌根：某些真菌与高等植物根系间形成的一类共生复合体，既能扩大根系吸收面积，改善植物营养，也有利于真菌的生长和发育。

菌丝：是真菌结构单位的丝状体。顶端生长可以伸长，通过侧生分枝生出新菌丝。

抗生素：经过稀释后，对细菌、真菌等有杀灭或抑制作用的微生物产物。

蓝细菌：曾被称为蓝藻、蓝绿藻，可以进行光合作用，释放氧气。

霉菌：真菌的一类，用孢子繁殖，种类很多，如天气湿热时衣物上长的黑霉、制造青霉素用的青霉，部分霉菌会造成手癣、脚癣等皮肤病。

免疫系统：生物体特别是脊椎动物和人类的自身防御系统，包括免疫器官、免疫细胞和免疫分子。

培养基：人工配制的适合微生物生长繁殖或积累代谢产物的营养基质。

乳酸菌：一大类能发酵糖类产生乳酸的革兰氏阳性菌的总称。

伤寒：由伤寒杆菌引起的急性传染病。因摄入被病菌污染的饮食而感染。

噬菌体：专门寄生于原核生物的一类病毒，体积微小，仅在电子显微镜下可见。

太古宙：一个地质年代单位名称，开始于约40亿年前，结束于25亿年前。人们已发现了这一时期的单细胞原核生物的化石。

吞噬细胞：一类具有吞噬能力的细胞。人体中主要的吞噬细胞有中性粒细胞、巨噬细胞等。

微生物：生物的一大类，包括细菌、蓝细菌、古菌、放线菌、酵母菌、衣原体、病毒、原生动物、单细胞藻类等。它们大多形体微小，构造简单。

细胞质：细胞内除了细胞核（或拟核）外的全部物质。

厌氧菌：在无氧或还原性的环境中才能生长繁殖的细菌。大多生活在水体底层、污泥、堆肥、反刍动物瘤胃、动物肠道、沼气发酵罐和土壤深处。

益生菌：生活在健康人体、动物的黏膜、皮肤等部位，对宿主能发挥有益作用的正常菌群。

原核生物：以原核细胞形式存在的生物体。这种生物细胞内的遗传物质没有膜包围，仅为一个裸露的环状DNA分子，DNA所在的区域称为拟核。细菌、蓝细菌等都是原核生物。

原生动物：它们形体微小、结构简单，是动物性的原始单细胞生物。其中一半以上是化石种，现生种类分布在淡水、海水和土壤中，或营寄生生活。

真核细胞：细胞内遗传物质有核膜包围的细胞，以真核细胞形式存在的生物称真核生物，酵母菌、真菌等都是真核生物。

支原体：一类只有细胞膜、没有细胞壁的最小型原核生物，细胞直径仅有150~300纳米。

子实体：高等真菌产生有性孢子的组织结构，由能育的菌丝和营养菌丝组成。

图书在版编目（CIP）数据

微生物王国 / 姜姗, 张大庆著. — 上海：少年儿
童出版社, 2022.10
（中国少儿百科知识全书）
ISBN 978-7-5589-1506-2

Ⅰ.①微… Ⅱ.①姜…②张… Ⅲ.①微生物—少儿
读物 Ⅳ.①Q939-49

中国版本图书馆CIP数据核字（2022）第194316号

中国少儿百科知识全书
微生物王国

姜　姗　张大庆 著

刘芳苇　胡方方 装帧设计

责任编辑 沈　岩　策划编辑 左　馨

责任校对 陶立新　美术编辑 陈艳萍　技术编辑 许　辉

出版发行 上海少年儿童出版社有限公司
地址 上海市闵行区号景路159弄B座5—6层　邮编 201101
印刷 深圳市星嘉艺纸艺有限公司
开本 889×1194　1/16　印张 3.5　字数 50千字
2022年10月第1版　2024年10月第4次印刷
ISBN 978-7-5589-1506-2 / Z · 0045
定价 35.00 元